中等职业学校项目课程系列教材（数控技术应用专业）

CAXA 制造工程师
软件操作训练

张文涛　主　编

黄桂芸　王　凯　副主编

吴　为　主　审

U0198027

电子工业出版社·

Publishing House of Electronics Industry

北京 · BEIJING

内 容 简 介

本书采用项目教学法，通过对工程项目的展开，介绍了各种工业元件的设计造型方法。通过 CAD/CAM 软件——CAXA 制造工程师进行实体造型训练，在逐步培养读者产品造型技能的同时，帮助读者在练习中学会 CAXA 制造工程师的使用方法。

本书采用大量的原创图片和资料，以形象生动的方式，讲解了 11 个实际工业项目的应用方法，每个项目都力求和现场实际接轨。在每个项目中引入工程意识，通过采用标准图纸、实际设计分析方法等训练，可以使读者进一步熟悉工业现场的工艺和要求。

本书内容包括连杆造型、盘盖类零件造型、轴造型、轴承座类造型、凸轮造型、齿轮造型、泵体造型、箱体类零件造型、模具类零件造型、自由形状建模、CAM 技术应用实例、练习题。

本书旨在用新颖的学习方式，以独特的训练方法，采用务实的练习内容来帮助读者了解产品造型方法，提高软件操作技能。本书可作为职业院校学生学习 CAD/CAM 技术的教材，也可作为工程人员的自学课本。

本书还配有电子教学参考资料包，详见前言。

图书在版编目（CIP）数据

CAXA 制造工程师软件操作训练／张文涛主编 . —北京：电子工业出版社，2007.8
（中等职业学校项目课程系列教材·数控技术应用专业）
ISBN 978-7-121-04437-3

Ⅰ. C… Ⅱ. 张… Ⅲ. 数控机床－计算机辅助设计－
应用软件，CAXA－专业学校－教材 Ⅳ. TG659

中国版本图书馆 CIP 数据核字（2007）第 109432 号

策划编辑：白 楠
责任编辑：宋兆武
印 刷：北京京华虎彩印刷有限公司
装 订：北京京华虎彩印刷有限公司
出版发行：电子工业出版社
　　　　　北京市海淀区万寿路 173 信箱 邮编 100036
开 本：787×1 092 1/16 印张：14.25 字数：364.8 千字
版 次：2007 年 8 月第 1 版
印 次：2018 年 1 月第 11 次印刷
定 价：23.00 元

前　言

随着 CAD/CAM 技术的不断发展，CAD/CAM 软件不断更新，如何真正掌握该技术的应用方法是我们需要重视的问题。本书以工程零件为载体，在培养读者零件分析能力的同时，通过项目实践过程学习软件相关命令和操作方法。

本书以培养应用方法为重点，通过精选的 11 个实践项目，将典型的工业产品零件造型和软件技能训练结合起来，采用全新的阅读方式，并将实用的工业图纸引入本书，所有图纸都按照相关标准绘制，让读者在第一时间就适应工业现场的要求。

本书共有 11 个项目，每个项目都按照应用场合、造型分析、造型训练、练习总结、知识拓展的结构层次展开，阅读本书可以掌握常见的 10 种类型零件的造型方法和基本刀具轨迹及程序的生成方法。通过本书的学习，可以掌握 CAXA 制造工程师基本指令的应用方法。本书还为读者提供了附加的练习题。

本书为读者提供了一套基本的 CAD/CAM 方法，帮助读者掌握该项技术的基本应用规律，为将来继续学习其他软件打下良好基础。

本书由北京电子科技职业学院（原北京市仪器仪表工业学校）张文涛老师主编并统稿。其中，项目 1～4 由张文涛编写，项目 5～7 由北京电子科技职业学院王凯老师编写，项目 8～11 由北京电子科技职业学院黄桂芸老师编写。特别感谢北京信息职业技术学院吴为老师为本书做了认真细致的审稿工作，并感谢北京信息职业技术学院朱宏老师对本书撰写的指导工作。

本书可作为中职、高职院校现代制造类专业的教材，也可作为企业相关岗位人员的培训教材，以及工程技术人员的自学读本。

请读者多提宝贵意见，如有问题可与本书主编联系：office. zwt@ gmail. com。

为方便教师教学，本书还配有教学指南、电子教案及习题解答（电子版）。请有此需要的教师登录华信教育资源网（www. huaxin. edu. cn 或 www. hxedu. com. cn）免费注册后再进行下载，有问题时请在网站留言板留言或与电子工业出版社联系（E-mail：hxedu @ phei. com. cn）。

由于编者水平有限，书中难免存在某些缺漏和错误，希望广大读者批评指正。

编　者
2007 年 6 月

目 录

项目 **1** 连杆造型

【学习目标】

1. 学习连杆类零件的造型方法；
2. 掌握草图创建的方法；
3. 掌握直线、整圆、曲线编辑基本运用方法；
3. 掌握拉伸增料的基本方法；
4. 掌握拉伸除料的基本方法；
5. 学习倒角、过渡的造型方法。

【连杆的应用】

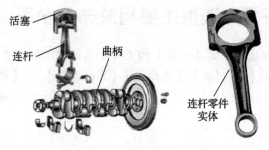

图 1－1 曲柄连杆应用示例

连杆的一个典型应用就是曲柄连杆机构，如图 1－1 所示。该结构在发动机中非常常见，曲柄连杆机构是发动机实现工作循环，完成能量转换的主要运动零件。它由机体组、活塞连杆组和曲轴飞轮组等组成。在做功行程中，活塞承受燃气压力在汽缸内作直线运动，通过连杆转换成曲轴的旋转运动，并从曲轴对外输出动力。

🔧 **连杆的定义**：连杆是指用于连接两个活动构件的连接件，如图 1－1 所示为曲柄连杆应用示例，在发动机做功行程中，活塞承受燃气压力在汽缸内作直线运动，通过连杆转换成曲轴的旋转运动，并从曲轴对外输出动力。连杆起到了连接活塞和曲轴的作用。

🔧 任务 1 连杆零件造型分析

内容：主要介绍并分析连杆造型特点。

造型特点分析

连杆的两端一般为两个用于连接的圆环形部分，中间用一个杆件将两个圆环连接起来，如图1-2所示。连杆造型可以通过草图的拉伸生成实体，通过草图的拉伸除去实体的特征造型来完成。

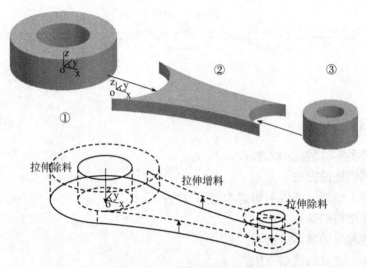

图1-2　连杆造型特点分析

任务2　连杆零件造型主要相关命令学习

内容： 主要介绍连杆造型所需要的各个相关指令及使用方法，包括【草图】／【曲线生成】→【圆】【直线】／【曲线编辑】→【删除】【裁剪】／【特征生成】→【拉伸增料】【拉伸除料】。如果你已掌握上述内容，可直接转至任务3进行学习。

1. 草图

草图定义

草图也称轮廓，相当于建筑物的地基，如图1-3所示，是指生成三维实体必须依赖的封闭曲线组合，是为特征造型准备的一个平面图形，也就是一个投影图形。

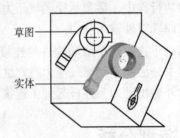

图1-3　草图示意

ℹ️ 进入草图方法

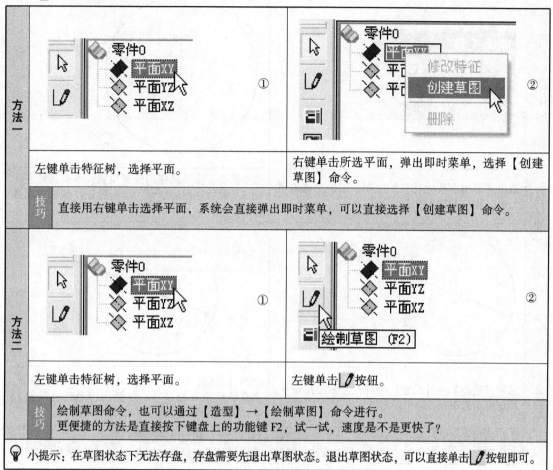

方法一	① 左键单击特征树，选择平面。	② 右键单击所选平面，弹出即时菜单，选择【创建草图】命令。
	技巧 直接用右键单击选择平面，系统会直接弹出即时菜单，可以直接选择【创建草图】命令。	
方法二	① 左键单击特征树，选择平面。	② 左键单击 ✐ 按钮。
	技巧 绘制草图命令，也可以通过【造型】→【绘制草图】命令进行。 更便捷的方法是直接按下键盘上的功能键 F2，试一试，速度是不是更快了？	

💡 **小提示**：在草图状态下无法存盘，存盘需要先退出草图状态。退出草图状态，可以直接单击 ✐ 按钮即可。

ℹ️ 草图中作图方法

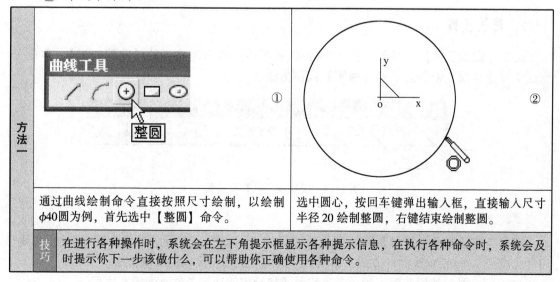

| 方法一 | ① 通过曲线绘制命令直接按照尺寸绘制，以绘制 φ40 圆为例，首先选中【整圆】命令。 | ② 选中圆心，按回车键弹出输入框，直接输入尺寸半径 20 绘制整圆，右键结束绘制整圆。 |
| | **技巧** 在进行各种操作时，系统会在左下角提示框显示各种提示信息，在执行各种命令时，系统会及时提示你下一步该做什么，可以帮助你正确使用各种命令。 | |

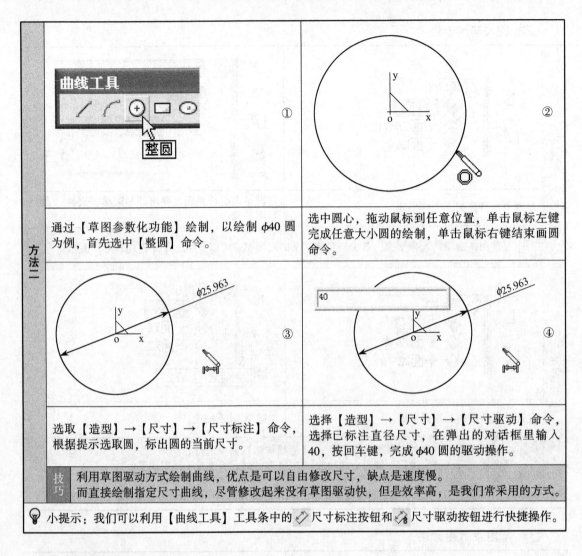

方法二

①	②
通过【草图参数化功能】绘制，以绘制 φ40 圆为例，首先选中【整圆】命令。	选中圆心，拖动鼠标到任意位置，单击鼠标左键完成任意大小圆的绘制，单击鼠标右键结束画圆命令。
③	④
选取【造型】→【尺寸】→【尺寸标注】命令，根据提示选取圆，标出圆的当前尺寸。	选择【造型】→【尺寸】→【尺寸驱动】命令，选择已标注直径尺寸，在弹出的对话框里输入40，按回车键，完成 φ40 圆的驱动操作。

技巧 利用草图驱动方式绘制曲线，优点是可以自由修改尺寸，缺点是速度慢。而直接绘制指定尺寸曲线，尽管修改起来没有草图驱动快，但是效率高，是我们常采用的方式。

💡 小提示：我们可以利用【曲线工具】工具条中的 ✐ 尺寸标注按钮和 ✐ 尺寸驱动按钮进行快捷操作。

2. 曲线生成

运用【曲线工具】工具条（图1-4）的各项命令可以完成各种【曲线生成】。本任务重点学习【直线】绘制方法和【整圆】绘制方法。

图1-4　【曲线工具】工具条

ⓘ 直线绘制方法

直线是构成图形的基本要素。直线功能提供了两点线、平行线、角度线、切线/法线、角等分线和水平/铅垂线六种方式，本项目介绍两点线和角度线的绘制方法。

（1）两点线：按给定两点画一条直线段或按给定的连续条件画连续直线段。

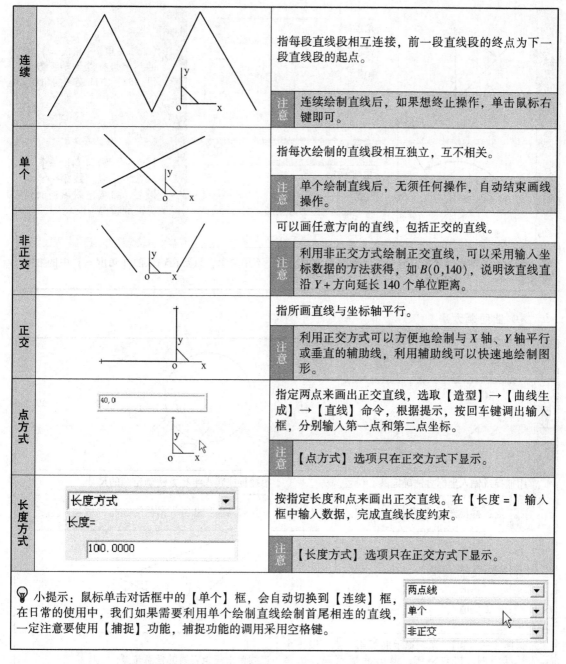

连续		指每段直线段相互连接，前一段直线段的终点为下一段直线段的起点。
		注意　连续绘制直线后，如果想终止操作，单击鼠标右键即可。
单个		指每次绘制的直线段相互独立，互不相关。
		注意　单个绘制直线后，无须任何操作，自动结束画线操作。
非正交		可以画任意方向的直线，包括正交的直线。
		注意　利用非正交方式绘制正交直线，可以采用输入坐标数据的方法获得，如 $B(0,140)$，说明该直线直沿 $Y+$ 方向延长 140 个单位距离。
正交		指所画直线与坐标轴平行。
		注意　利用正交方式可以方便地绘制与 X 轴、Y 轴平行或垂直的辅助线，利用辅助线可以快速地绘制图形。
点方式		指定两点来画出正交直线，选取【造型】→【曲线生成】→【直线】命令，根据提示，按回车键调出输入框，分别输入第一点和第二点坐标。
		注意　【点方式】选项只在正交方式下显示。
长度方式		按指定长度和点来画出正交直线。在【长度 =】输入框中输入数据，完成直线长度约束。
		注意　【长度方式】选项只在正交方式下显示。

💡 小提示：鼠标单击对话框中的【单个】框，会自动切换到【连续】框，在日常的使用中，我们如果需要利用单个绘制直线绘制首尾相连的直线，一定注意要使用【捕捉】功能，捕捉功能的调用采用空格键。

（2）角度线：生成与坐标轴或某一直线成一定夹角的直线。

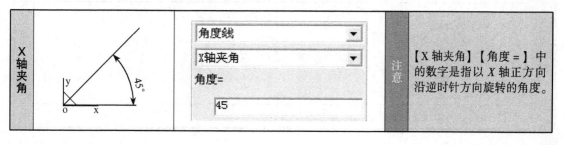

X 轴夹角		注意　【X 轴夹角】【角度 =】中的数字是指以 X 轴正方向沿逆时针方向旋转的角度。

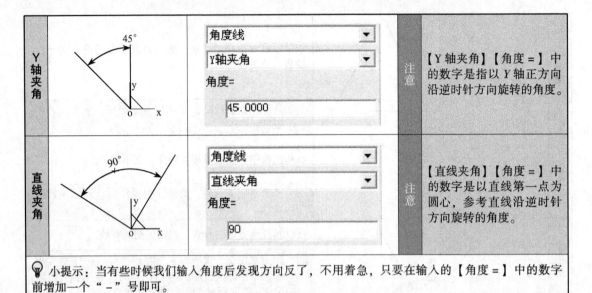

| Y轴夹角 | 角度线 ▼
Y轴夹角 ▼
角度=
45.0000 | 注意 | 【Y轴夹角】【角度＝】中的数字是指以 Y 轴正方向沿逆时针方向旋转的角度。 |
| 直线夹角 | 角度线 ▼
直线夹角 ▼
角度=
90 | 注意 | 【直线夹角】【角度＝】中的数字是以直线第一点为圆心，参考直线沿逆时针方向旋转的角度。 |

💡 小提示：当有些时候我们输入角度后发现方向反了，不用着急，只要在输入的【角度＝】中的数字前增加一个"－"号即可。

ℹ️ 圆绘制方法

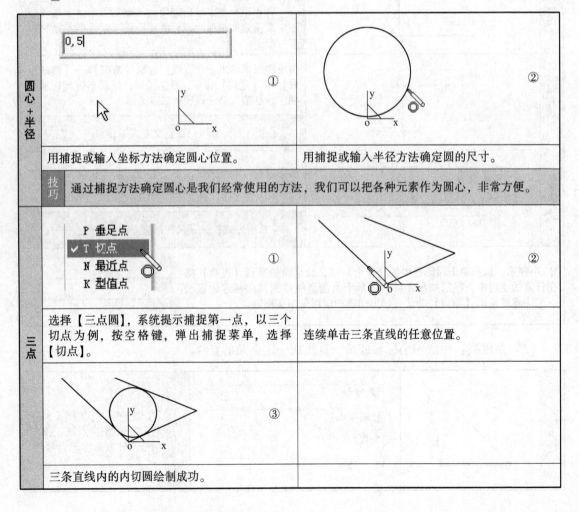

圆心+半径	① 0,5	②
	用捕捉或输入坐标方法确定圆心位置。	用捕捉或输入半径方法确定圆的尺寸。
技巧	通过捕捉方法确定圆心是我们经常使用的方法，我们可以把各种元素作为圆心，非常方便。	
三点	① P 垂足点 ✓ T 切点 N 最近点 K 型值点	②
	选择【三点圆】，系统提示捕捉第一点，以三个切点为例，按空格键，弹出捕捉菜单，选择【切点】。	连续单击三条直线的任意位置。
	③	
	三条直线内的内切圆绘制成功。	

三点	技巧	通过捕捉，我们可以捕捉到缺省点（S）：屏幕上的任意位置点；端点（E）：曲线的端点；中点（M）：曲线的中点；圆心（C）：圆或圆弧的圆心；交点（I）：两曲线的交点；切点（T）：曲线的切点；垂足点（P）：曲线的垂足点；最近点（N）：曲线上距离捕捉光标最近的点；控制点（K）：样条的特征点；存在点（G）：用曲线生成中的点工具生成的点。括号中的字母，代表快捷选择按钮，运用快捷按钮可以不用按空格键及鼠标。

💡 小提示：我们在绘图时，有时候会发生无论如何按鼠标都无法将曲线绘制出来的情况，遇到这种情况不要着急，运用刚才谈到的捕捉内容，选择一种正确的捕捉点，就可以解决问题。

3. 曲线编辑

运用【线面编辑】工具条（图1-5）的各项命令可以完成各种平面图形的绘制。本任务将重点学习【线面编辑】中的【删除】和【曲线裁剪】命令。

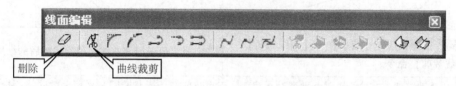

图1-5　【线面编辑】工具条

ℹ 删除

方法一	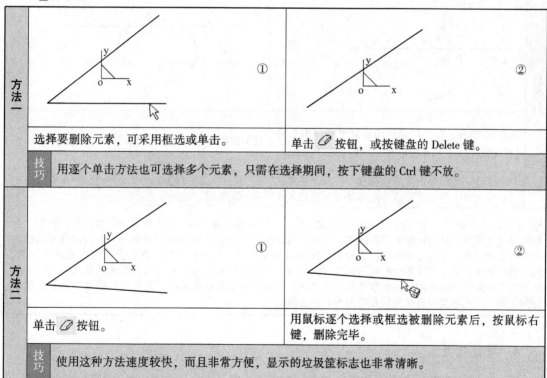 ① ②
	选择要删除元素，可采用框选或单击。　　单击 ⌀ 按钮，或按键盘的 Delete 键。
技巧	用逐个单击方法也可选择多个元素，只需在选择期间，按下键盘的 Ctrl 键不放。
方法二	① ②
	单击 ⌀ 按钮。　　　　　　　用鼠标逐个选择或框选被删除元素后，按鼠标右键，删除完毕。
技巧	使用这种方法速度较快，而且非常方便，显示的垃圾筐标志也非常清晰。

💡 小提示：删除错误之后怎么办呢？可以采用恢复功能，选择【编辑】→【取消上次操作】命令或者直接单击工具条中 按钮，但是如果删除是在多步之前进行的，则不一定能够恢复，在【设置】→【系统设置】→【最大取消次数】里有系统设定的最大次数，如果希望数值大些，必须在造型前先设置好。

曲线裁剪

曲线裁剪是指使用曲线做剪刀，裁掉曲线上不需要的部分，即利用一个或多个几何元素（曲线或点，称为剪刀）对给定曲线（称为被裁剪线）进行修整，删除不需要的部分，得到新的曲线。曲线裁剪共有四种方式：快速裁剪、线裁剪、点裁剪、修剪。下面重点介绍快速裁剪和线裁剪。

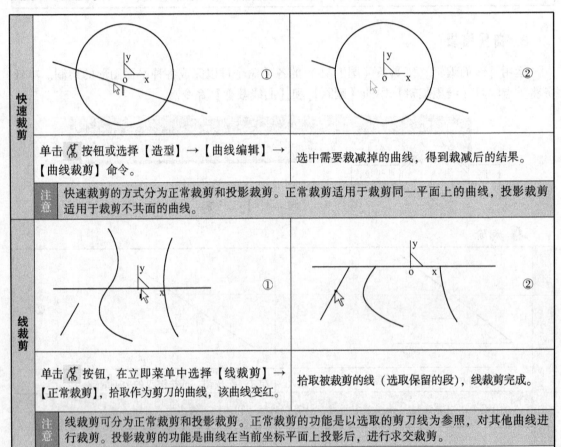

快速裁剪	①	②
	单击 按钮或选择【造型】→【曲线编辑】→【曲线裁剪】命令。	选中需要裁减掉的曲线，得到裁减后的结果。
	注意 快速裁剪的方式分为正常裁剪和投影裁剪。正常裁剪适用于裁剪同一平面上的曲线，投影裁剪适用于裁剪不共面的曲线。	

线裁剪	①	②
	单击 按钮，在立即菜单中选择【线裁剪】→【正常裁剪】，拾取作为剪刀的曲线，该曲线变红。	拾取被裁剪的线（选取保留的段），线裁剪完成。
	注意 线裁剪可分为正常裁剪和投影裁剪。正常裁剪的功能是以选取的剪刀线为参照，对其他曲线进行裁剪。投影裁剪的功能是曲线在当前坐标平面上投影后，进行求交裁剪。	

💡 小提示：当系统中的复杂曲线极多的时候，建议不用快速裁剪。因为在大量复杂曲线处理过程中，系统计算速度较慢，从而将影响用户的工作效率。线裁剪具有曲线延伸功能。如果剪刀线和被裁剪曲线之间没有实际交点，系统在分别依次自动延长被裁剪线和剪刀线后进行求交，在得到的交点处进行裁剪。延伸的规则是：直线和样条线按端点切线方向延伸，圆弧按整圆处理。由于采用延伸的做法，可以利用该功能实现对曲线的延伸。在拾取了剪刀线之后，可拾取多条被裁剪曲线。系统约定拾取的段是裁剪后保留的段，因而可实现多根曲线在剪刀线处齐边的效果。

4. 特征生成

CAXA 中二维到三维转换是通过【特征工具】（图 1－6）来实现的，它可以将二维草图转换成三维实体，从而实现零件的特征生成。特征包括孔、槽、型腔、点、凸台、圆柱体、块、锥体、球体、管子等，特征生成也有很多方法，下面重点介绍【拉伸增料】和【拉伸除料】。

图 1-6　【特征工具】工具条

i 拉伸增料

将一个轮廓曲线根据指定的距离做拉伸操作，用以生成一个增加材料的特征。

举例： 运用拉伸增料生成底面直径为 50mm，高为 60mm 的圆柱体，如图 1-7 所示。

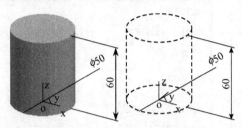

图 1-7　圆柱体尺寸图

拉伸增料		
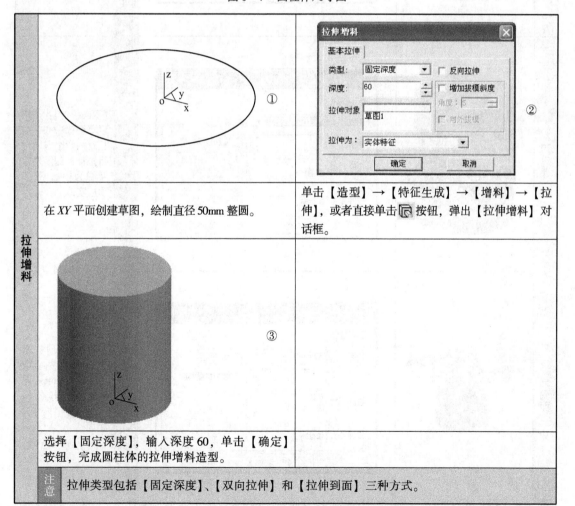 ①		拉伸增料对话框 ②
在 XY 平面创建草图，绘制直径 50mm 整圆。		单击【造型】→【特征生成】→【增料】→【拉伸】，或者直接单击 按钮，弹出【拉伸增料】对话框。
③		
选择【固定深度】，输入深度 60，单击【确定】按钮，完成圆柱体的拉伸增料造型。		
注意 拉伸类型包括【固定深度】、【双向拉伸】和【拉伸到面】三种方式。		

💡 小提示：在进行拉伸增料操作时，有时会出现无法进行拉伸的情况，仔细观察对话框会发现，【拉伸对象】框内显示【草图未准备好】。这时需要用鼠标单击【草图未准备好】字串至变成蓝色，然后选中需要进行拉伸的草图曲线，这时【拉伸对象】框内显示【草图1】，就可以正常进行拉伸增料操作了。

【拉伸增料】对话框详解

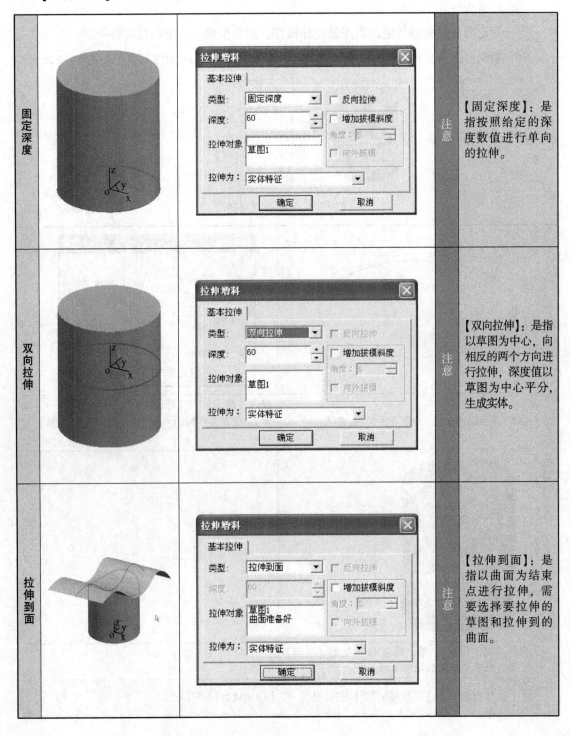

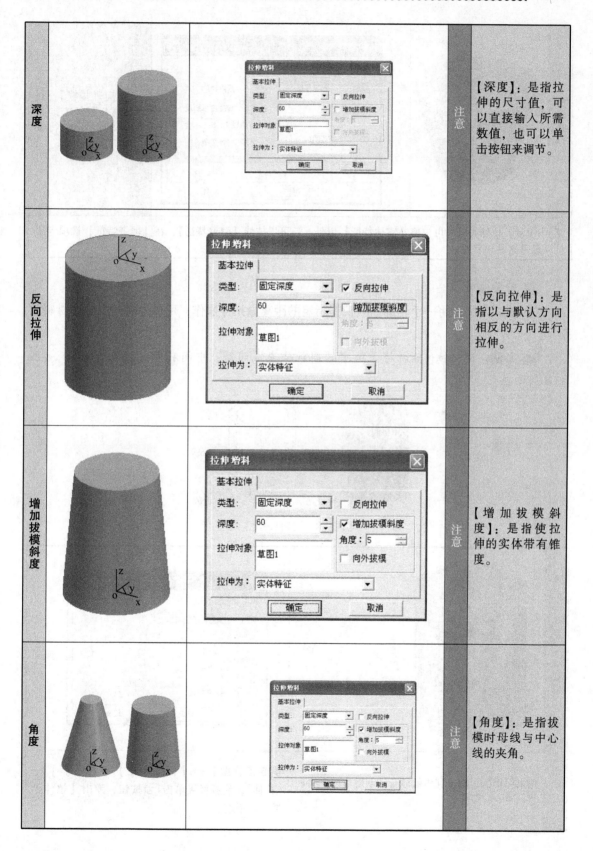

深度			【深度】：是指拉伸的尺寸值，可以直接输入所需数值，也可以单击按钮来调节。
反向拉伸			【反向拉伸】：是指以与默认方向相反的方向进行拉伸。
增加拔模斜度			【增加拔模斜度】：是指使拉伸的实体带有锥度。
角度			【角度】：是指拔模时母线与中心线的夹角。

向外拔模		注意

【向外拔模】：是指与默认方向相反的方向进行操作。

💡 小提示：拉伸增料除可拉伸【实体特征】以外，还可以拉伸【薄壁特征】，在【薄壁特征】选项卡中可以选择壁厚和方向。

ℹ 拉伸除料

拉伸除料定义：将一个轮廓曲线根据指定的距离做拉伸操作，用以生成一个减去材料的特征。

👆 **举例**：运用拉伸除料将上例中的圆柱体变成圆筒，中间孔的直径为 40mm，如图 1-8 所示。

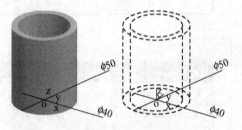

图 1-8　圆筒尺寸图

拉伸除料	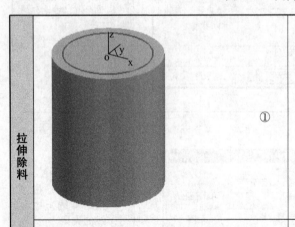①	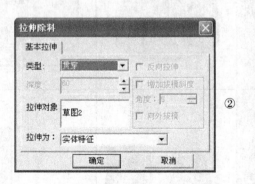②
	用鼠标单击顶面，利用鼠标右键创建草图，绘制直径 40mm 整圆。	单击【造型】→【特征生成】→【除料】→【拉伸】，或者直接单击 🔲 按钮，弹出【拉伸除料】对话框。

拉伸除料	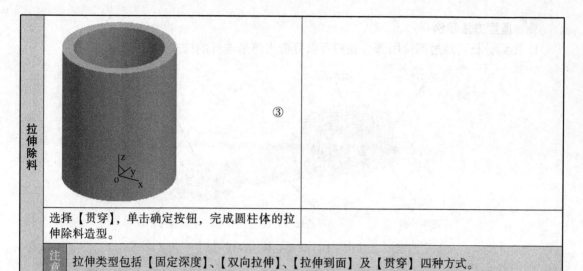 ③
选择【贯穿】，单击确定按钮，完成圆柱体的拉伸除料造型。	

注意	拉伸类型包括【固定深度】、【双向拉伸】、【拉伸到面】及【贯穿】四种方式。

💡 小提示：拉伸除料的拉伸类型和拉伸增料基本一致，只是增加了【贯穿】方式。【贯穿】是指草图拉伸后，将基体整个穿透。

任务3　典型连杆造型训练

要求：按照下列图纸（图1-9），在软件中进行典型简易连杆的实体造型。

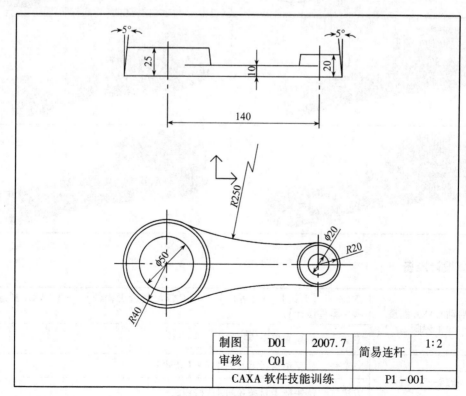

制图	D01	2007.7	简易连杆	1:2
审核	C01			
CAXA 软件技能训练				P1-001

图1-9　简易连杆零件图

造型方法示例

1. 图纸分析：经过阅读图纸，我们可以分析出简易连杆的构成如图 1 - 10 所示。

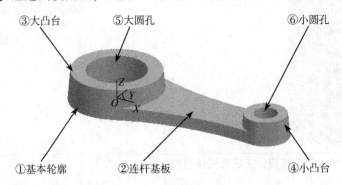

③大凸台　　　⑤大圆孔　　　⑥小圆孔

①基本轮廓　　　②连杆基板　　　④小凸台

图 1 - 10　简易连杆构成图

2. 连杆制作步骤与顺序。简易连杆的制作主要分为六个步骤，具体制作顺序是：
①基本轮廓造型→②连杆基板造型→③大凸台造型→④小凸台造型→⑤大圆孔造型→⑥小圆孔造型。

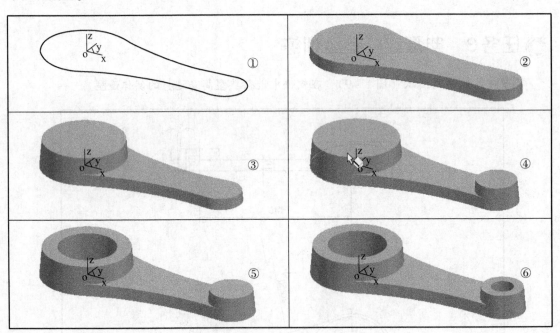

设计准备

A	启动 CAXA 制造工程师	方法一：【开始】→【程序】→【CAXA 制造工程师】→【CAXA 制造工程师—零件设计】。
		方法二：从桌面单击 ![]按钮
B	新建一个文件	方法一：从菜单执行【文件】→【新建】。
		方法二：从快捷工具条单击 ![]按钮。

| C | 保存文件 | 方法一：从菜单执行【文件】→【保存】，在出现的对话框中给定文件的路径和文件名，单击【保存】按钮。 |
| | | 方法二：从快捷工具条单击 💾 按钮。 |

ℹ️ 步骤①：基本轮廓造型

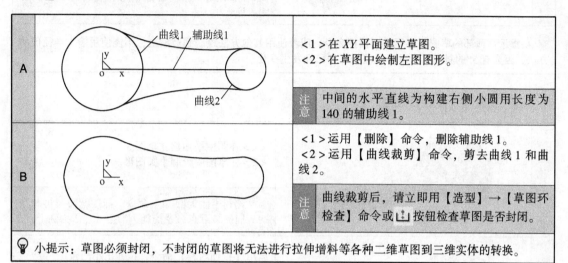

A		<1>在 XY 平面建立草图。 <2>在草图中绘制左图图形。
		注意　中间的水平直线为构建右侧小圆用长度为 140 的辅助线 1。
B		<1>运用【删除】命令，删除辅助线 1。 <2>运用【曲线裁剪】命令，剪去曲线 1 和曲线 2。
		注意　曲线裁剪后，请立即用【造型】→【草图环检查】命令或 按钮检查草图是否封闭。

💡 小提示：草图必须封闭，不封闭的草图将无法进行拉伸增料等各种二维草图到三维实体的转换。

ℹ️ 步骤②：连杆基板造型

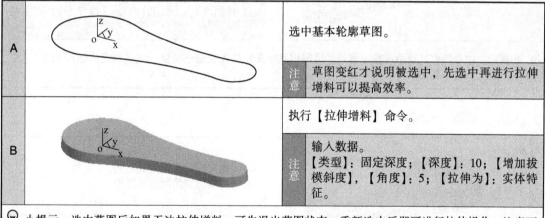

A		选中基本轮廓草图。
		注意　草图变红才说明被选中，先选中再进行拉伸增料可以提高效率。
B		执行【拉伸增料】命令。
		注意　输入数据。【类型】：固定深度；【深度】：10；【增加拔模斜度】，【角度】：5；【拉伸为】：实体特征。

💡 小提示：选中草图后如果无法拉伸增料，可先退出草图状态，重新选中后即可进行拉伸操作。注意不要将拉伸的方向弄反，一旦弄反，后边结果将全部错误。

ℹ️ 步骤③：大凸台造型

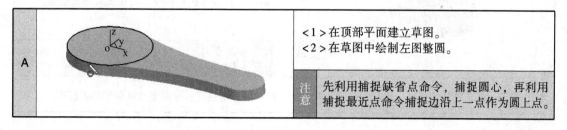

| A | | <1>在顶部平面建立草图。
<2>在草图中绘制左图整圆。 |
| | | 注意　先利用捕捉缺省点命令，捕捉圆心，再利用捕捉最近点命令捕捉边沿上一点作为圆上点。 |

| B | 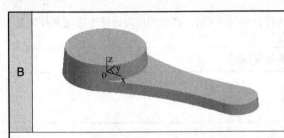 | 运用【拉伸增料】命令，拉伸出大凸台。 |
| | | 注意 | 输入数据。【类型】：固定深度；【深度】：15；【增加拔模斜度】，【角度】：5；【拉伸为】：实体特征。 |

💡 小提示：顶部的草图圆必须采用捕捉命令，或者使用其他方法绘制到边沿上，不能使用输入半径值的方法，因为有 5°的斜度，所以半径值较底面已经发生变化。

ℹ️ 步骤④：小凸台造型

A	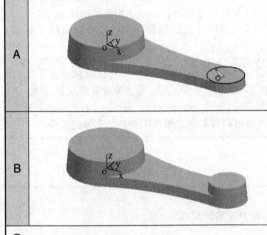	<1＞在图中平面建立草图。 <2＞在草图中绘制小圆图形。
		注意	先利用捕捉圆心点命令，捕捉圆心，再利用捕捉最近点命令捕捉边沿上一点作为圆上点。
B		运用【拉伸增料】命令，拉伸出小凸台。
		注意	输入数据。【类型】：固定深度；【深度】：10；【增加拔模斜度】，【角度】：5；【拉伸为】：实体特征。

💡 小提示：如果操作过程中观察不清楚，可利用鼠标滚轮放大或缩小视窗，或者利用快捷键 Ctrl ＋↑或 Ctrl ＋↓放大或缩小视窗。

ℹ️ 步骤⑤：大圆孔造型

A	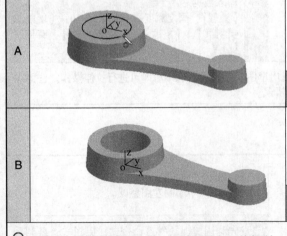	<1＞在大凸台平面建立草图。 <2＞在草图中绘制圆孔图形。
		注意	利用【圆心＋半径】方法，先利用捕捉缺省点命令，捕捉圆心，输入半径 25。
B		运用【拉伸除料】命令，制作出大圆孔造型。
		注意	输入数据。【类型】：贯穿；【拉伸为】：实体特征。

💡 小提示：若是拉伸为通孔，则采用贯穿比较便利，但如果不是通孔，一定要注意仔细计算深度。

步骤⑥：小圆孔造型

A	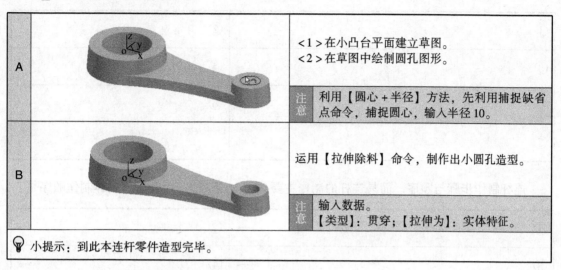	<1>在小凸台平面建立草图。 <2>在草图中绘制圆孔图形。
		注意 利用【圆心＋半径】方法，先利用捕捉缺省点命令，捕捉圆心，输入半径10。
B		运用【拉伸除料】命令，制作出小圆孔造型。
		注意 输入数据。 【类型】：贯穿；【拉伸为】：实体特征。

💡 小提示：到此本连杆零件造型完毕。

🔩 任务4　项目练习与总结

要求： 按照下列图纸（图1-11），在软件中进行典型连杆的实体造型练习，并总结相关知识点。

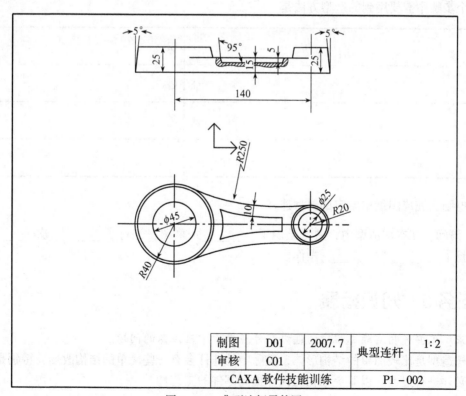

制图	D01	2007.7	典型连杆	1:2
审核	C01			
CAXA 软件技能训练				P1-002

图1-11　典型连杆零件图

图纸分析：经过阅读图纸，我们可以分析出典型连杆由以下几部分构成。

①	②
③	④
⑤	⑥
⑦	

连杆制作步骤与顺序。简易连杆的制作主要分为＿＿＿＿＿＿个步骤，具体制作顺序是：

①	→	②	→
③	→	④	→
⑤	→	⑥	→
⑦			

各个步骤中需要用到的造型方法是：

①	→	②	→
③	→	④	→
⑤	→	⑥	→
⑦			

在电脑上完成图纸中给定的典型连杆。

请问：在本次造型中，共计绘制了＿＿＿＿张草图，进行了＿＿＿＿次＿＿＿＿操作，进行了＿＿＿＿次＿＿＿＿操作。

任务5　知识拓展

要求：主要说明实际工程中的连杆零件在造型中应注意的问题。

连杆造型是比较简单的结构形体，实际中的连杆会有一些简单的结构改变，特别是零件的边角必须进行过渡，以避免划伤工人并提高零件的工艺性。

① 示例

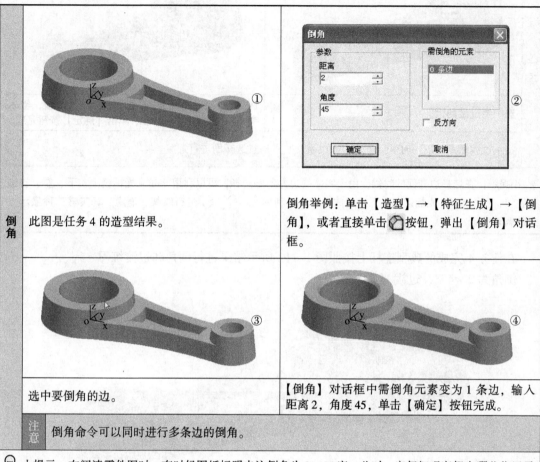

倒角	此图是任务4的造型结果。	倒角举例：单击【造型】→【特征生成】→【倒角】，或者直接单击 按钮，弹出【倒角】对话框。
	选中要倒角的边。	【倒角】对话框中需倒角元素变为1条边，输入距离2，角度45，单击【确定】按钮完成。

注意	倒角命令可以同时进行多条边的倒角。

💡 小提示：在阅读零件图时，有时候图纸标明未注倒角为2×45度，此时一定仔细观察都有哪些位置需要倒角，不要遗漏。

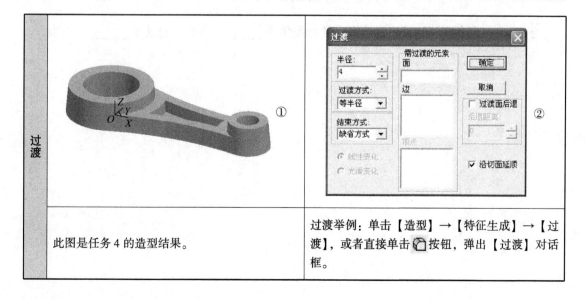

过渡	此图是任务4的造型结果。	过渡举例：单击【造型】→【特征生成】→【过渡】，或者直接单击 按钮，弹出【过渡】对话框。

过渡	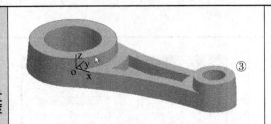	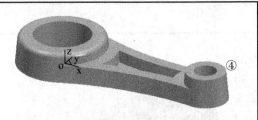
	选中要过渡的边。	【过渡】对话框中需过渡元素变为 1 条边, 输入半径 4, 过渡方式等半径, 单击【确定】按钮完成。
注意	过渡命令可以同时进行多条边的过渡, 并可通过选择面进行过渡。	

💡 小提示：在选择边和面的时候, 由于实体的边界不好选择, 可以利用 Shift + 光标键上、下、左、右进行旋转, 利用 Ctrl + 光标键上、下进行放大缩小, 利用 🎲 🎲 🎲 进行线架、消隐、真实感三种显示方式的调整。

在任务 4 完成的典型连杆上按照图 1-12 所示结果进行倒角和过渡练习。

倒角为 2×45°, 过渡为 R4。

图 1-12　倒角过渡后零件实体

📖 **请问**：在本次倒角过渡造型中, 共计倒角了_____条边, 过渡了_____条边。

项目 2　盘盖类零件造型

【学习目标】

1. 学习盘盖类零件的造型方法；
2. 掌握平行线的基本运用方法；
3. 掌握水平/铅垂线的基本运用方法；
4. 掌握矩形命令的基本运用方法；
5. 掌握孔的基本造型方法；
6. 掌握实体阵列中环形阵列的基本方法。

【盘盖类零件的应用】

图 2-1　盘盖类零件应用示例

　　盘盖类零件在工业现场的机械设备中是比较常见的，盘盖类零件的典型应用是法兰、端盖、手轮和皮带轮等。盘盖类零件主要起传递动力和固定作用。法兰俗称法兰片或法兰盘，是管道、容器或其他结构中做可拆连接时最常用的重要零件。端盖是产品的密封、支撑及轴向定位的重要零件，在电机、减速器等产品中起到非常关键的作用。图 2-1 是法兰盘在球阀结构中的一个典型应用。

　　法兰的定义：法兰是一种盘状零件，凡是两个平面在周边使用螺栓连接并封闭的连接零件，一般都称为法兰。

任务 1　盘盖类零件造型分析

内容： 主要介绍并分析盘盖类零件造型特点。

造型特点分析

盘盖类零件（图 2 - 2）一般由盘盖主体、结构孔、工艺孔组成，盘盖类零件多为中心对称结构，可根据具体情况，考虑采用草图截面通过旋转生成实体的方法，或者通过非回转的拉伸增料、拉伸除料的方法构成实体。本例采用拉伸增料和拉伸除料的方法进行分析。

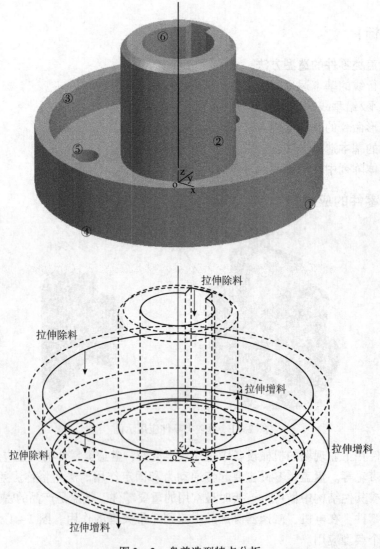

图 2 - 2　盘盖造型特点分析

任务2 盘盖类零件造型主要相关命令学习

内容：主要介绍盘盖类造型所需要的各个相关指令及使用方法，包括
【草图】/【曲线生成】→【直线】【平行线】【矩形】/【特征生成】→【孔】。如果
你已掌握上述内容，可直接转至任务3进行学习。

1. 曲线生成

项目1已经介绍过【曲线工具】工具条（图2-3），工具条中的各项命令可以完成各种
曲线生成任务。本任务重点学习【直线】命令中【平行线】命令的使用方法和【矩形】命
令的使用方法。

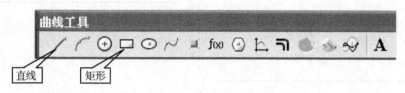

图2-3 【曲线工具】工具条

ⓘ 平行线绘制方法

🔘 **平行线的定义**：按给定距离或通过给定的已知点绘制与已知线段平行、长度相等的
平行线段。

✍ **举例**：已知平面 *XOY* 上草图1上直线 *A*，位置如图，绘制直线 *B*，两直线间距离为
20mm，如图2-4所示。

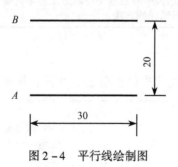

图2-4 平行线绘制图

平行线	①	②
	在 *XY* 平面创建草图，绘制长度为30mm的直线 *A*。	选择【造型】→【曲线生成】→【直线】命令，或者直接单击 ✎ 按钮，左侧特征树下弹出【直线选项】对话框。

其中②部分包含：两点线 ▾ / 连续 ▾ / 正交 ▾ / 点方式 ▾

平行线	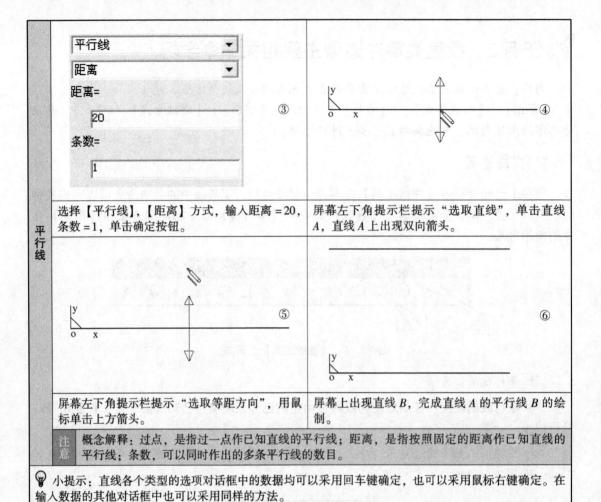
选择【平行线】，【距离】方式，输入距离＝20，条数＝1，单击确定按钮。	屏幕左下角提示栏提示"选取直线"，单击直线A，直线A上出现双向箭头。
屏幕左下角提示栏提示"选取等距方向"，用鼠标单击上方箭头。	屏幕上出现直线B，完成直线A的平行线B的绘制。

注意	概念解释：过点，是指过一点作已知直线的平行线；距离，是指按照固定的距离作已知直线的平行线；条数，可以同时作出的多条平行线的数目。

💡 小提示：直线各个类型的选项对话框中的数据均可以采用回车键确定，也可以采用鼠标右键确定。在输入数据的其他对话框中也可以采用同样的方法。

ℹ️ 水平/铅垂线绘制方法

🌐 **水平/铅垂线的定义**：生成平行或垂直于当前平面坐标轴的给定长度的直线。

水平/铅垂线	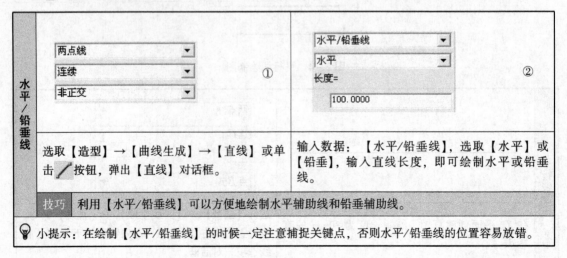
选取【造型】→【曲线生成】→【直线】或单击 ✏️ 按钮，弹出【直线】对话框。	输入数据：【水平/铅垂线】，选取【水平】或【铅垂】，输入直线长度，即可绘制水平或铅垂线。

技巧	利用【水平/铅垂线】可以方便地绘制水平辅助线和铅垂辅助线。

💡 小提示：在绘制【水平/铅垂线】的时候一定注意捕捉关键点，否则水平/铅垂线的位置容易放错。

ⓘ 矩形绘制方法

矩形的定义：矩形是图形构成的基本要素，为了适应各种情况下矩形的绘制，CAXA 制造工程师提供了两点矩形和中心_长_宽等两种方式。

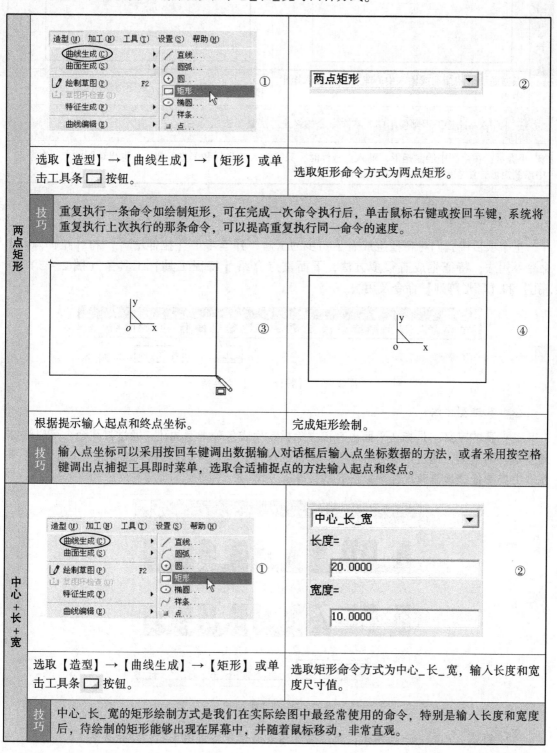

两点矩形	选取【造型】→【曲线生成】→【矩形】或单击工具条 □ 按钮。	选取矩形命令方式为两点矩形。
	技巧　重复执行一条命令如绘制矩形，可在完成一次命令执行后，单击鼠标右键或按回车键，系统将重复执行上次执行的那条命令，可以提高重复执行同一命令的速度。	
	根据提示输入起点和终点坐标。	完成矩形绘制。
	技巧　输入点坐标可以采用按回车键调出数据输入对话框后输入点坐标数据的方法，或者采用按空格键调出点捕捉工具即时菜单，选取合适捕捉点的方法输入起点和终点。	
中心+长+宽	选取【造型】→【曲线生成】→【矩形】或单击工具条 □ 按钮。	选取矩形命令方式为中心_长_宽，输入长度和宽度尺寸值。
	技巧　中心_长_宽的矩形绘制方式是我们在实际绘图中最经常使用的命令，特别是输入长度和宽度后，待绘制的矩形能够出现在屏幕中，并随着鼠标移动，非常直观。	

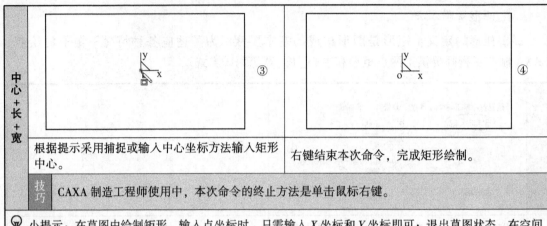

中心＋长＋宽	③	④
	根据提示采用捕捉或输入中心坐标方法输入矩形中心。	右键结束本次命令，完成矩形绘制。
	技巧	CAXA 制造工程师使用中，本次命令的终止方法是单击鼠标右键。

💡 小提示：在草图中绘制矩形，输入点坐标时，只需输入 X 坐标和 Y 坐标即可；退出草图状态，在空间中绘制矩形，注意要输入 X,Y,Z 坐标值。

2. 特征生成

上个项目中我们对特征生成有了初步的了解，并学习了【拉伸增料】和【拉伸除料】命令及用法，特征生成有很多方法，下面重点介绍【特征工具】工具条（图 2-5）中【孔】和【环形阵列】命令及用法。

图 2-5　【特征工具】工具条

ⓘ 孔造型方法

✈ **孔的定义**：是指在平面上直接去除材料生成各种类型的孔。通过打孔命令可以快捷地生成孔的造型，通过定制各种孔不同部位的尺寸，我们可以得到各类型孔，如图 2-6 所示，并能够便捷地修改已经生成的孔的尺寸。

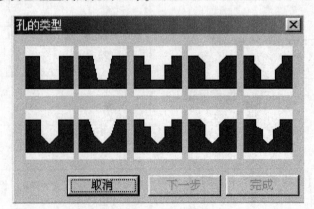

图 2-6　孔的类型图

🐟 **举例**：已知一圆柱实体，试在圆柱体表面位置生成图中孔，尺寸如图 2-7 所示。

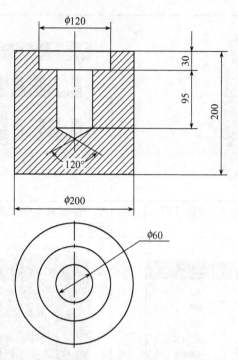

图 2-7 圆柱体尺寸图

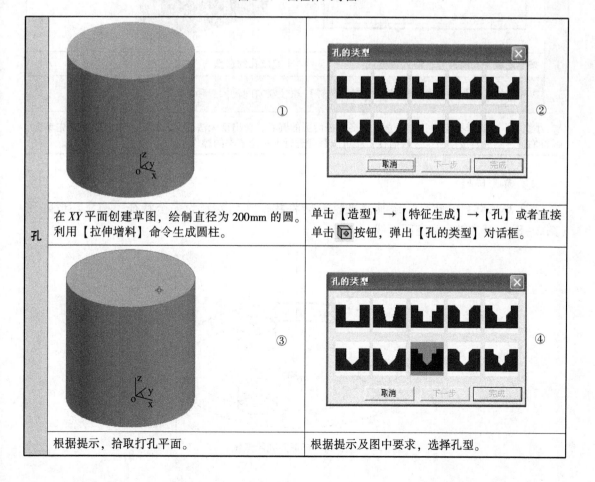

孔	在 *XY* 平面创建草图，绘制直径为 200mm 的圆。利用【拉伸增料】命令生成圆柱。	单击【造型】→【特征生成】→【孔】或者直接单击 按钮，弹出【孔的类型】对话框。
	根据提示，拾取打孔平面。	根据提示及图中要求，选择孔型。

孔	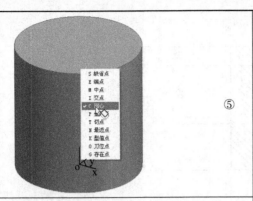 ⑤ 根据提示，利用捕捉的方法，捕捉【圆心】，从而指定孔的定位点。	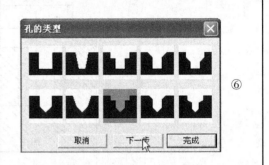 ⑥ 下一步按钮文字变成黑色，单击【下一步】按钮。
	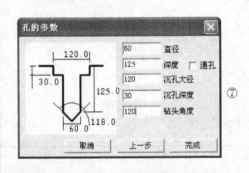 ⑦ 按照图纸中孔的尺寸，输入数据。	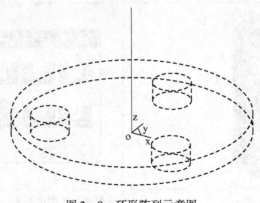 ⑧ 完成孔的造型。

注意	旋转类型包括【单向旋转】、【对称旋转】和【双向旋转】三种方式。

💡 小提示：在选择孔型后，如果直接捕捉上表面圆的圆心，会出现无法捕捉的情况，这时候应该先单击鼠标右键，然后再按空格键进行捕捉，就可以顺利进行下一个步骤的操作了。

　环形阵列

环形阵列的定义：绕某基准轴旋转将特征阵列复制为多个特征，构成环形阵列（图 2-8）。基准轴应为空间直线。

图 2-8　环形阵列示意图

举例： 已知一圆柱实体，试在圆柱体表面位置生成图中孔，尺寸如图2-9所示。

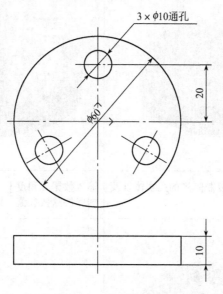

图2-9　环形阵列图

环形阵列	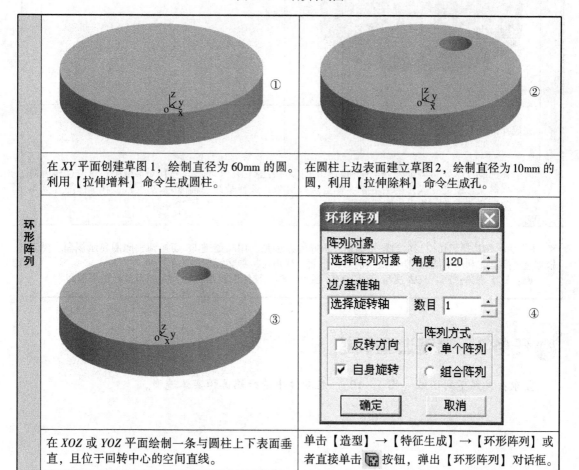

<table>
<tr><td rowspan="4">环形阵列</td><td>
⑤</td><td>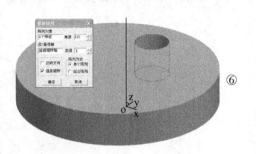
⑥</td></tr>
<tr><td>分别用鼠标左键单击需要复制阵列的孔实体以及环形阵列的中心轴线。</td><td>输入数据【角度】＝120，【数目】＝3，其他数据保持默认数值，单击【确定】按钮。</td></tr>
<tr><td>
⑦</td><td></td></tr>
<tr><td>完成【阵列】造型。</td><td></td></tr>
</table>

注意	在选取【阵列】特征阵列实体和轴线的时候，注意先在【环形阵列】对话框中，单击【选择阵列对象】使之变蓝，然后再在实体上选择对象；选择轴线前需要单击对话框中【选择阵列对象】使之变蓝，然后再选择轴线。

小提示：在选择和切换当前绘图平面前，最好的办法是先用功能键 F8 切换到轴侧图显示视角，然后根据造型要求，利用功能键 F9 切换当前绘图平面。视角切换功能键功能如下。

F5：XOY 视角；F6：YOZ 视角；F7：YOZ 视角；F8：轴侧图视角；F9：切换当前绘图平面。

任务3　端盖造型训练

要求：按照下列图纸（图1－10），在软件中进行端盖的实体造型。

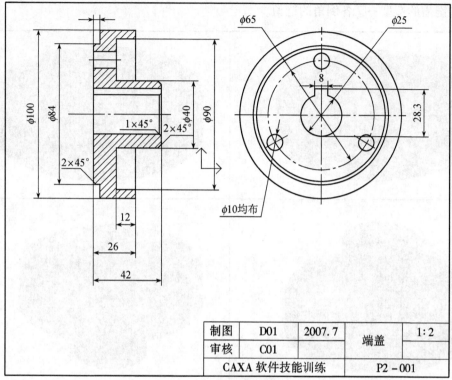

制图	D01	2007.7	端盖	1:2
审核	C01			
CAXA 软件技能训练			P2-001	

图 2-10   端盖零件图

⚙ **造型方法示例**

1. 图纸分析：经过阅读图纸，我们可以分析出端盖的主要构成如图 2-11 所示。

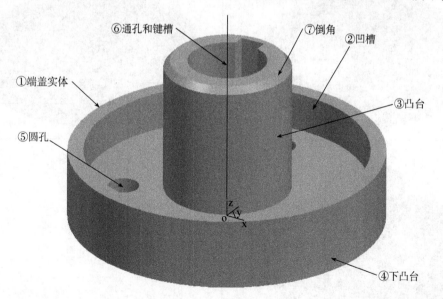

图 2-11   端盖构成图

2. 端盖制作步骤与顺序。端盖的制作主要分为七个步骤，具体制作顺序是：
①端盖实体的造型→②凹槽的造型→③凸台的造型→④下凸台的造型→⑤圆孔的造型→

⑥通孔和键槽的造型→⑦各倒角的造型。

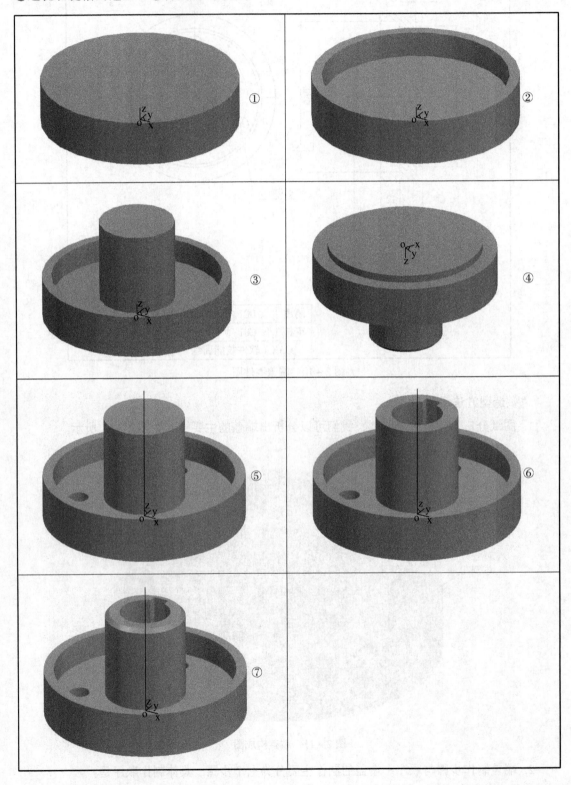

设计准备

A	启动 CAXA 制造工程师	B	新建一个文件	C	保存文件	
D	设置显示质量	从菜单执行【设置】→【系统设置】→【环境设置】→【显示质量选项】＝粗略/普通/精细。				
E	设置最大取消次数	从菜单执行【设置】→【系统设置】→【环境设置】→【最大取消次数】＝输入希望数值。				

步骤①：端盖实体的造型

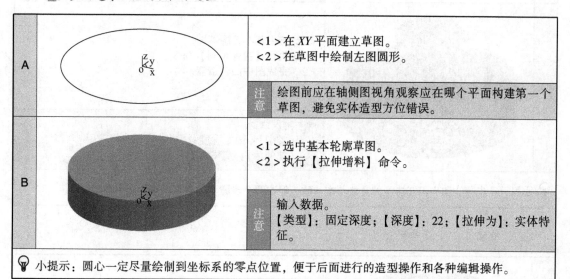

A		＜1＞在 XY 平面建立草图。 ＜2＞在草图中绘制左图圆形。
	注意	绘图前应在轴侧图视角观察应在哪个平面构建第一个草图，避免实体造型方位错误。
B		＜1＞选中基本轮廓草图。 ＜2＞执行【拉伸增料】命令。
	注意	输入数据。 【类型】：固定深度；【深度】：22；【拉伸为】：实体特征。

💡 小提示：圆心一定尽量绘制到坐标系的零点位置，便于后面进行的造型操作和各种编辑操作。

步骤②：凹槽的造型

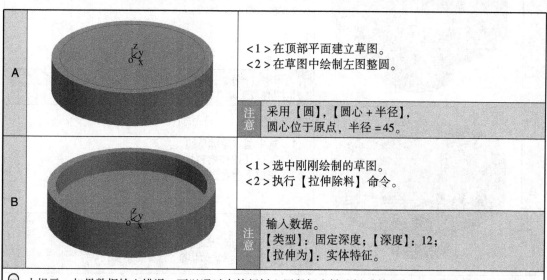

A		＜1＞在顶部平面建立草图。 ＜2＞在草图中绘制左图整圆。
	注意	采用【圆】，【圆心＋半径】，圆心位于原点，半径＝45。
B		＜1＞选中刚刚绘制的草图。 ＜2＞执行【拉伸除料】命令。
	注意	输入数据。 【类型】：固定深度；【深度】：12； 【拉伸为】：实体特征。

💡 小提示：如果数据输入错误，可以通过在特征树上用鼠标右键选择【特征】→【修改特性】，这时会弹出数据输入对话框，重新输入正确数据，修改完成。

步骤③：凸台的造型

A		<1> 在顶部平面建立草图。 <2> 在草图中绘制左图整圆。
		注意：采用【圆】，【圆心＋半径】，圆心位于原点，半径＝20。
B	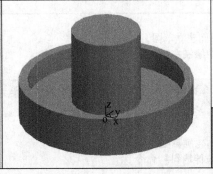	<1> 选中基本轮廓草图。 <2> 执行【拉伸增料】命令。 <2> 完成图中凸台造型。
		注意：输入数据。【类型】：固定深度；【深度】：28；【拉伸为】：实体特征。

💡 小提示：步骤③和步骤②造型的方法基本一致，但这两个步骤不能对调，否则会出现错误。

步骤④：下凸台的造型

A		<1> 在底部平面建立草图。 <2> 在草图中绘制圆。
		注意：采用【圆】，【圆心＋半径】，圆心位于原点，半径＝42。
B	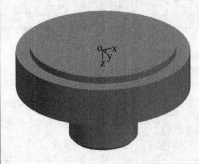	<1> 选中基本轮廓草图。 <2> 执行【拉伸增料】命令。 <3> 完成下凸台造型。
		注意：输入数据。【类型】：固定深度；【深度】：4；【拉伸为】：实体特征。

💡 小提示：如果操作过程中视角不好，可利用快捷键 Shift＋↑或者 Shift＋↓旋转实体到各个角度。

步骤⑤：圆孔的造型

A	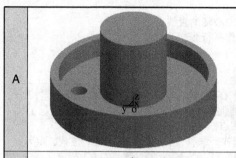
	<1>旋转实体到方便观察的角度。 <2>通过绘制草图后，【拉伸除料】完成一个孔造型。
	注意　利用【直线】【两点线】【正交】【长度方式】长度 =32.5 辅助直线，然后利用【圆心 + 半径】方法绘制圆，捕捉直线端点为圆心，输入半径 5。执行【拉伸除料】，输入数据。【类型】：贯穿；【拉伸为】：实体特征。
B	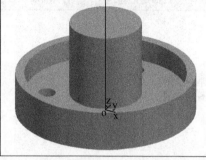
	<1>绘制环形阵列用空间直线。 <2>执行【环形阵列】命令，复制孔造型。
	注意　如果选择孔不方便，可以在 线架显示方式下进行选择。

小提示：CAXA 制造工程师共有三种显示方式，分别可以利用 线架显示方式按钮， 消隐显示方式按钮， 真实感显示方式按钮调用。

步骤⑥：通孔和键槽的造型

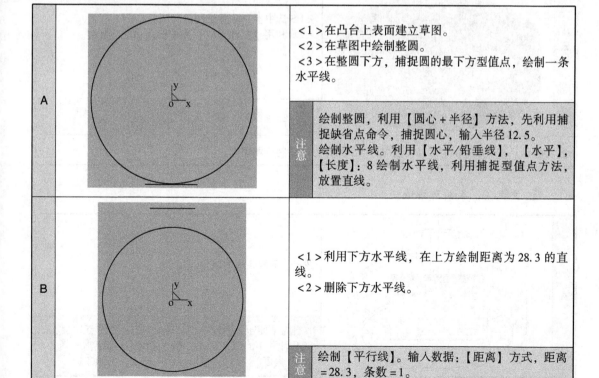

A	<1>在凸台上表面建立草图。 <2>在草图中绘制整圆。 <3>在整圆下方，捕捉圆的最下方型值点，绘制一条水平线。
	注意　绘制整圆，利用【圆心 + 半径】方法，先利用捕捉缺省点命令，捕捉圆心，输入半径 12.5。 绘制水平线。利用【水平/铅垂线】，【水平】，【长度】：8 绘制水平线，利用捕捉型值点方法，放置直线。
B	<1>利用下方水平线，在上方绘制距离为 28.3 的直线。 <2>删除下方水平线。
	注意　绘制【平行线】。输入数据：【距离】方式，距离=28.3，条数 =1。

C	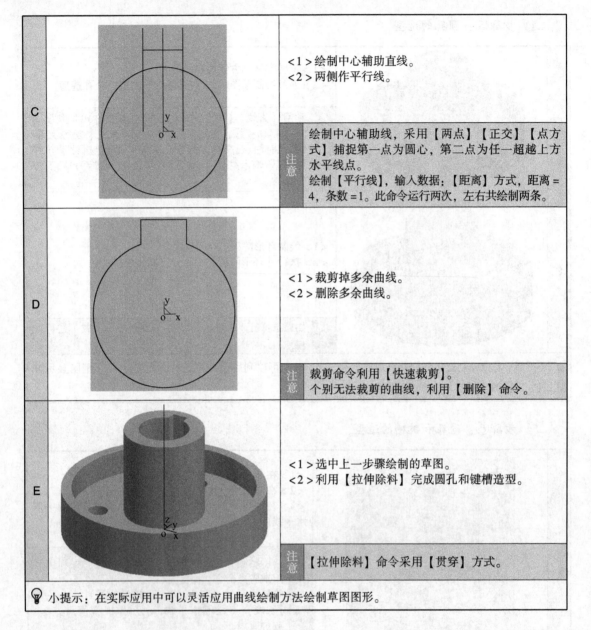	<1>绘制中心辅助直线。 <2>两侧作平行线。
		注意　绘制中心辅助线，采用【两点】【正交】【点方式】捕捉第一点为圆心，第二点为任一超越上方水平线点。 绘制【平行线】，输入数据：【距离】方式，距离＝4，条数＝1。此命令运行两次，左右共绘制两条。
D		<1>裁剪掉多余曲线。 <2>删除多余曲线。
		注意　裁剪命令利用【快速裁剪】。 个别无法裁剪的曲线，利用【删除】命令。
E		<1>选中上一步骤绘制的草图。 <2>利用【拉伸除料】完成圆孔和键槽造型。
		注意　【拉伸除料】命令采用【贯穿】方式。

💡 小提示：在实际应用中可以灵活应用曲线绘制方法绘制草图图形。

ⓘ 步骤⑦：各倒角的造型

A	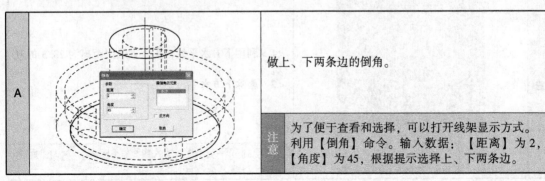	做上、下两条边的倒角。
		注意　为了便于查看和选择，可以打开线架显示方式。 利用【倒角】命令。输入数据：【距离】为2，【角度】为45，根据提示选择上、下两条边。

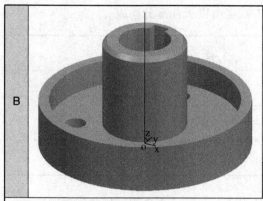

B

完成整个零件的造型。

| 注意 | 完成倒角造型后，注意利用旋转和缩放的方法，查看整个零件的外观是否正确。 |

💡 小提示：完成后的零件造型中有一条旋转增料的中心线，如何能更美观呢？选中直线，单击鼠标右键，选择隐藏，看一看，有什么变化？

🔍 任务4　项目练习与总结

要求：按照下列图纸（图2−12），在软件中进行方端盖的实体造型练习，并总结相关知识点。

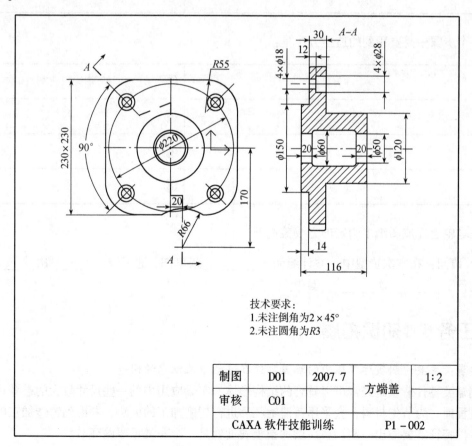

技术要求：
1.未注倒角为2×45°
2.未注圆角为R3

制图	D01	2007.7	方端盖	1:2
审核	C01			
CAXA 软件技能训练				P1−002

图2−12　方端盖零件图

图纸分析：经过阅读图纸，我们可以分析出方端盖由以下几部分构成。

①	②
③	④
⑤	⑥
⑦	⑧

方端盖制作步骤与顺序。方端盖的制作主要分为_____个步骤，具体制作顺序是：

① →	② →
③ →	④ →
⑤ →	⑥ →
⑦	⑧

各个步骤中需要用到的造型方法是：

① →	② →
③ →	④ →
⑤ →	⑥ →
⑦	⑧

在电脑上完成图纸中给定的方端盖造型。

📖 **请问**：在本次造型中，共计绘制了_____张草图，进行了_____次_____操作，进行了_____次_____操作。

🍳 任务 5　知识拓展

要求：主要说明实际工程中的端盖零件在造型中应注意的问题。

端盖类零件造型是经常可以看到的结构形体，实际应用中的一些尺寸较大的端盖在切削加工过程前，为节省材料，会采用铸造毛胚后进行切削加工的方法，考虑到铸造加工的特殊性，零件特征需要做出一些调整，增加拔模斜度就是一个非常重要的环节。

🛸 **拔模的定义**：拔模是指保持中性面与拔模面的交轴不变（即以此交轴为旋转轴），

对拔模面进行相应拔模角度的旋转操作。

拔模角度：是指拔模面法线与中立面所夹的锐角。

中立面：是指拔模起始的位置。

拔模面：需要进行拔模的实体表面。

向里：是指与默认方向相反，分别按照两个方向生成实体。

🛩 示例

拔模斜度	 ①	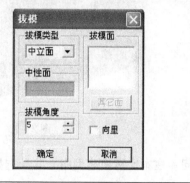 ②
	此图是任务 4 的造型结果。	拔模举例：单击【造型】→【特征生成】→【拔模】，或者直接单击 ⬚ 按钮，弹出【拔模】对话框。
	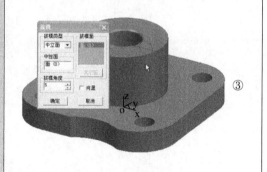 ③	 ④
	用鼠标先选择【中性面】对话框中空白部分至变红，然后在实体表面选择中性面，再用鼠标先选择【拔模面】对话框中空白部分至变红，然后在实体表面选择拔模面。	在【拔模角度】对话框中输入角度 5，观察方向，本例为默认方向，单击【确定】按钮完成。
注意	拔模过程中务必注意拔模方向，如果反向将造成严重错误。	

💡 小提示：如果造型中发现，需要有拔模斜度的造型，可以在进行拉伸增料、除料操作时，在对话框中选择【拔模斜度】并填入度数，在进行【拉伸增料】和【拉伸除料】的同时完成拔模斜度。但【拔模斜度】命令更便于灵活操作，可以对一条单独边，一对单独面进行操作，比利用拉伸增料和拉伸除料命令进行拔模，应用范围更加广泛。

在任务 4 完成的端盖上按照图 2-13 所示结果进行拔模斜度练习。

拔模斜度为 6°。

图 2-13 拔模后零件实体

📖 **请问**：在本次拔模造型中，共计选择了_____个中立面，_____个拔模面。

项目 **3** 轴类零件造型

【学习目标】

1. 学习轴类零件的造型方法；
2. 掌握等距命令的基本运用方法；
3. 掌握旋转增料的基本方法；
4. 掌握构造基准面的基本方法；
5. 掌握多边形的绘制方法。

【轴类零件的应用】

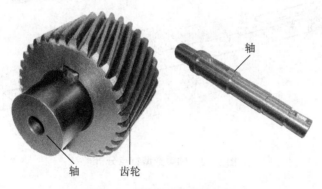

图 3 – 1　轴类零件应用示例

　　轴类零件是应用最为广泛的机械零件之一，是组成部件和机器的重要零件，是回转运动的传动零件（图 3 –1），在工业中经常采用，我们通常采用的齿轮、带轮等零件都需要安装在轴上才能传递动力和运动。

　　🔩 **轴的定义**：轴是用于支撑回转零件及传递运动和动力的重要零件。轴的基本结构类似，通常由实心或空心圆柱构成，包含键槽、安装连接用螺纹或螺孔、定位用的销孔、防应力集中的圆角等结构。

　　轴分为直轴和曲轴两种类型。直轴用于传递旋转运动和力矩，在各种机械中都可以见到；曲轴可以把直线运动转变为往复直线运动，在汽车、工程机械方面采用较多，特别是在发动机上应用最为广泛。

任务1　轴类零件造型分析

内容：主要介绍并分析轴类零件造型特点。

造型特点分析

轴类零件（图3-2）一般为回转式，有空心轴和实心轴两种，轴类零件多为中心对称结构，多数均可通过草图截面旋转生成实体的方法造型，轴上的键槽可以通过拉伸除料的方法造型。

在阶梯轴的造型问题上，推荐采用草图加旋转增料的方式造型，这种方法非常直观，并且后期修改尺寸和形状也非常方便。

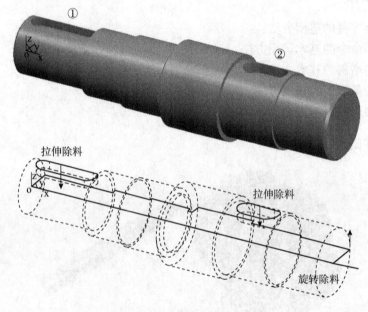

图3-2　轴类造型特点分析

任务2　轴类零件造型主要相关命令学习

内容：主要介绍轴类零件造型所需要的各个相关指令及使用方法，包括【草图】/【曲线生成】→【等距线】/【特征生成】→【旋转增料】【基准面】。如果你已掌握上述内容，可直接转至任务3进行学习。

1. 曲线生成

前面两个项目已经介绍过【曲线工具】工具条（图3-3），工具条中的各项命令可以完成各种曲线生成任务。本任务重点学习【曲线生成】命令中【等距线】命令的使用方法。

图 3-3　【曲线工具】工具条

ℹ 等距线绘制方法

⚙ **等距线的定义**：按照给定的距离作曲线的等距线。

✍ **举例**：已知平面 XOY 草图 1 上直线 A，位置如图，绘制直线 B，两直线间距离为 20mm，如图 8-4 所示。

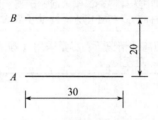

图 3-4　等距线绘制图

等距线画法	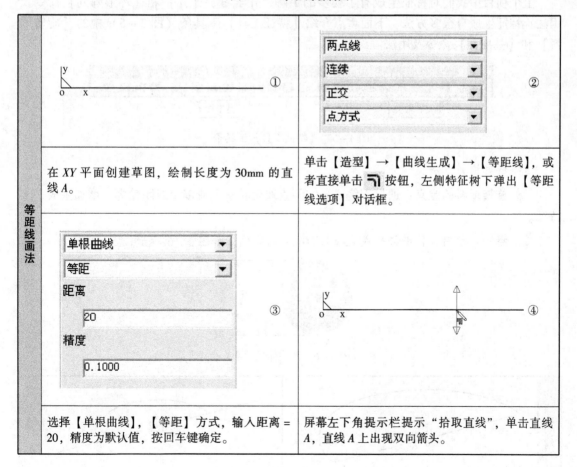	

等距线画法	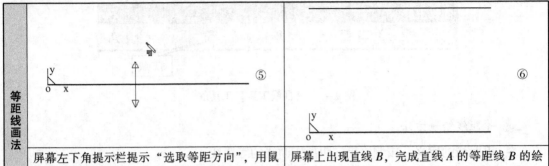	
	屏幕左下角提示栏提示"选取等距方向",用鼠标单击上方箭头。	屏幕上出现直线 B,完成直线 A 的等距线 B 的绘制。
注意	变等距:按照给定的起始和终止距离,作沿给定方向变化距离的曲线的变等距线。 <1>单击按钮,在立即菜单中选择等距,输入起始距离、终止距离。 <2>拾取曲线,给出等距方向和距离变化方向(从小到大),变等距线生成。	
💡 小提示:在已知起始距离和终止距离的情况下,尽量采用【等距】命令中的变等距方式,从操作角度讲,比绘制辅助线后用【直线】命令更便捷。		

2. 特征生成

上个项目中我们对特征生成有了初步的了解,并学习了【孔】和【环形阵列】命令及用法,特征生成有很多方法,下面重点介绍【特征工具】工具条(图3-5)中的【旋转增料】和【基准面】命令及用法。

图3-5　　【特征工具】工具条

ⓘ **旋转增料方法**

🛩 **旋转增料的定义**:通过围绕一条空间直线旋转一个或多个封闭轮廓,增加生成一个特征。

🖐 **举例**:运用旋转增料生成直径为 50mm 的球体,如图3-6所示。

图3-6　圆柱体尺寸图

旋转增料	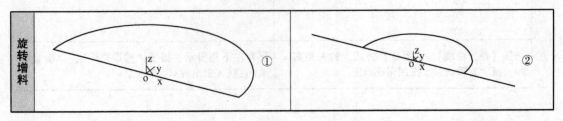	

在 XY 平面创建草图，绘制直径为 50mm 的半圆。	单击【造型】→【曲线生成】→【直线】或者直接单击 ╱ 按钮，弹出【直线】对话框，选取【水平铅垂线】→【水平线】，输入长度 = 100。捕捉坐标系中心，将直线安放到图中位置。
 ③	 ④
选择【造型】→【特征生成】→【增料】→【旋转】，弹出【旋转】对话框，输入类型：单向拉伸，角度 = 360。	单击"请拾取草图"，使之变蓝。
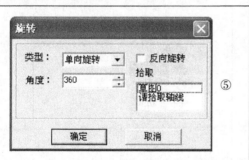 ⑤	 ⑥
选取绘制的截面草图。对话框中文字发生变化。	单击"请拾取轴线"，使之变蓝。
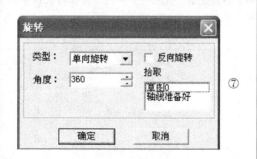 ⑦	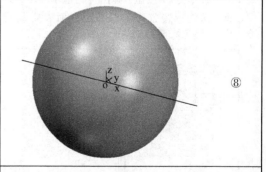 ⑧
对话框中显示草图和轴线都准备好后，单击【确定】按钮。	完成小球的旋转增料造型。

注意　旋转类型包括【单向旋转】、【对称旋转】和【双向旋转】三种方式。

💡 小提示。单向旋转：是指按照给定的角度数值进行单向的旋转。角度：是指旋转的尺寸值，可以直接输入所需数值，也可以单击按钮来调节。反向旋转：是指与默认方向相反的方向进行旋转。拾取：是指对需要旋转的草图和轴线的选取。对称旋转：是指以草图为中心，向相反的两个方向进行旋转，角度值以草图为中心平分。双向旋转：是指以草图为起点，向两个方向进行旋转，角度值分别输入。轴线是空间曲线，需要退出草图状态后绘制。

旋转增料

🔵 基准面构建方法

✈ **基准面的定义**：基准平面是草图和实体赖以生存的平面，它的作用是确定草图在哪个基准面上绘制，这就好像我们想在稿纸上写文章，首先选择一页稿纸一样。基准面可以是特征树中已有的坐标平面，也可以是实体中生成的某个平面（图 3 – 7），还可以是通过某特征构造出的平面。

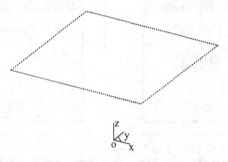

图 3 – 7　距 *XOY* 面 45 个单位长度，生成基准面示意图

构造基准面	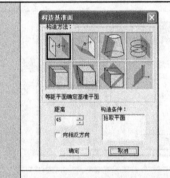①　单击【造型】→【特征生成】→【基准面】或者直接单击 ◈ 按钮，弹出【构造基准面】对话框，选择构造方法为"等距平面确定基准平面"，输入距离为 45。	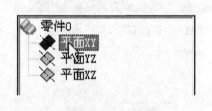②　根据提示，拾取一个平面，选择特征树中的 *XOY* 平面。
	③	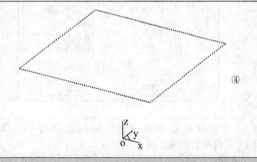④
注意	【构造基准面】命令构造平面的方法包括以下几种：等距平面确定基准平面，过直线与平面成夹角确定基准平面，生成曲面上某点的切平面，过点且垂直于直线确定基准平面，过点且平行平面确定基准平面，过点和直线确定基准平面，三点确定基准平面。这些方法需要绘制辅助点或者辅助线，需要注意在空间中正确做出以上要素才能正确构建基准面。	

💡 小提示：构建基准面在拾取时，要满足各种不同构造方法给定的拾取条件。

任务 3 轴造型训练

要求：按照下列图纸（图 3-8），在软件中进行轴的实体造型。

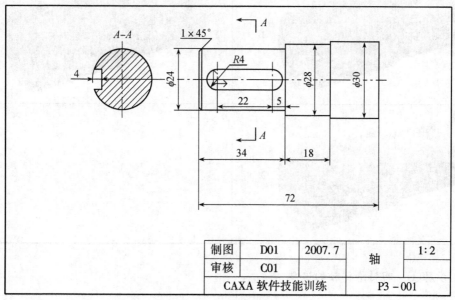

图 3-8 轴零件图

造型方法示例

1. 图纸分析：经过阅读图纸，我们可以分析出轴的主要构成如图 3-9 所示。

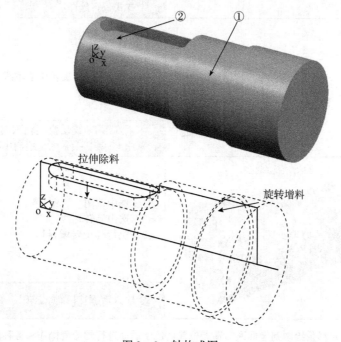

图 3-9 轴构成图

2. 轴制作步骤与顺序。轴的制作主要分为三个步骤，具体制作顺序是：
①回转阶梯轴的造型→②倒角的造型→③键槽的造型。

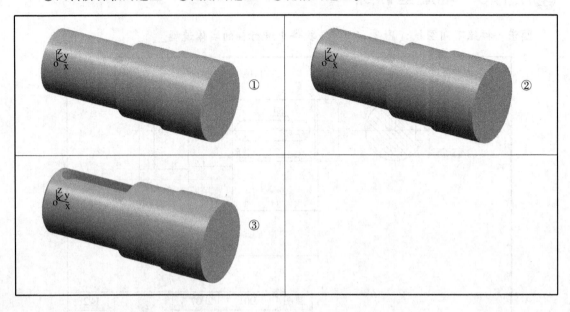

💡 步骤①：回转阶梯轴的造型

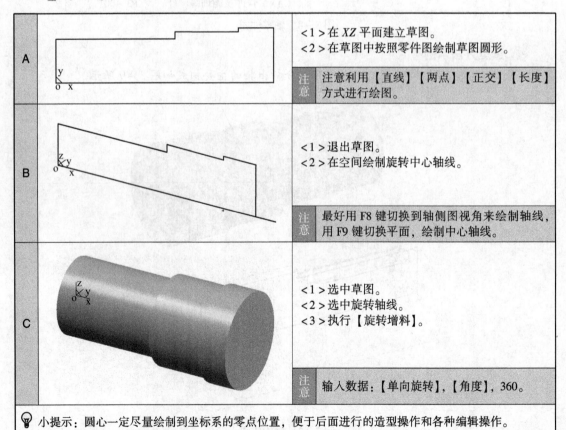

A		<1> 在 *XZ* 平面建立草图。 <2> 在草图中按照零件图绘制草图圆形。
		注意：注意利用【直线】【两点】【正交】【长度】方式进行绘图。
B		<1> 退出草图。 <2> 在空间绘制旋转中心轴线。
		注意：最好用 F8 键切换到轴侧图视角来绘制轴线，用 F9 键切换平面，绘制中心轴线。
C		<1> 选中草图。 <2> 选中旋转轴线。 <3> 执行【旋转增料】。
		注意：输入数据：【单向旋转】，【角度】，360。

💡 小提示：圆心一定尽量绘制到坐标系的零点位置，便于后面进行的造型操作和各种编辑操作。

i 步骤②：倒角的造型

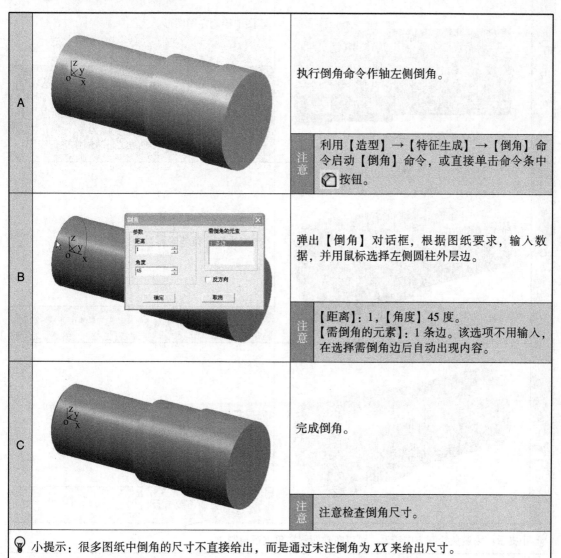

A		执行倒角命令作轴左侧倒角。
		注意 · 利用【造型】→【特征生成】→【倒角】命令启动【倒角】命令，或直接单击命令条中 ◇ 按钮。
B		弹出【倒角】对话框，根据图纸要求，输入数据，并用鼠标选择左侧圆柱外层边。
		注意 · 【距离】：1，【角度】45 度。【需倒角的元素】：1 条边。该选项不用输入，在选择需倒角边后自动出现内容。
C		完成倒角。
		注意 · 注意检查倒角尺寸。

💡 小提示：很多图纸中倒角的尺寸不直接给出，而是通过未注倒角为 *XX* 来给出尺寸。

i 步骤③：键槽的造型

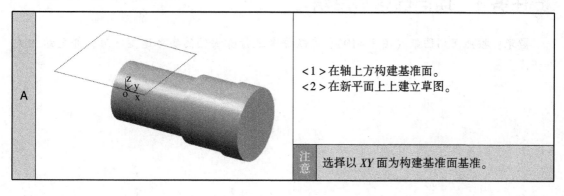

| A | | <1>在轴上方构建基准面。
<2>在新平面上上建立草图。 |
| | | 注意 · 选择以 *XY* 面为构建基准面基准。 |

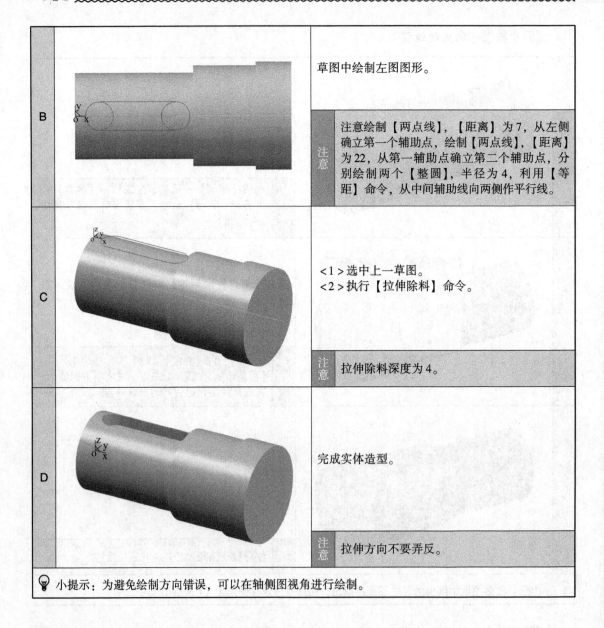

B	 *（左图草图）* 	草图中绘制左图图形。
	注意	注意绘制【两点线】，【距离】为7，从左侧确立第一个辅助点，绘制【两点线】，【距离】为22，从第一辅助点确立第二个辅助点，分别绘制两个【整圆】，半径为4，利用【等距】命令，从中间辅助线向两侧作平行线。
C	 *（实体图）* 	<1>选中上一草图。 <2>执行【拉伸除料】命令。
	注意	拉伸除料深度为4。
D	 *（实体图）* 	完成实体造型。
	注意	拉伸方向不要弄反。

💡 小提示：为避免绘制方向错误，可以在轴侧图视角进行绘制。

任务4　项目练习与总结

　　要求：按照下列图纸（图3-10），在软件中进行阶梯轴的实体造型练习，并总结相关知识点。

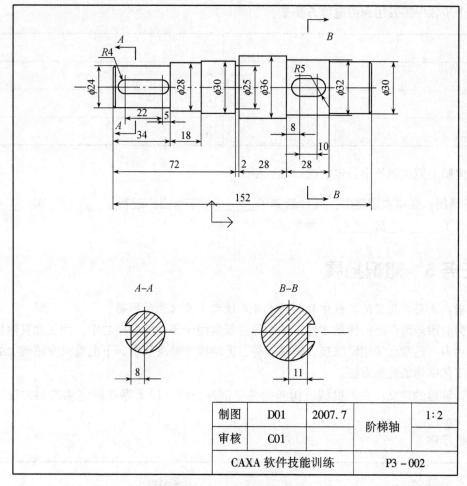

图 3-10 阶梯轴零件图

图纸分析：经过阅读图纸，我们可以分析出阶梯轴由以下几部分构成。

①	②
③	④
⑤	⑥
⑦	⑧

阶梯轴制作步骤与顺序。阶梯轴的制作主要分为_____个步骤，具体制作顺序是：

①	→	②	→
③	→	④	→
⑤	→	⑥	→
⑦		⑧	

各个步骤中需要用到的造型方法是：

①	→	②	→
③	→	④	→
⑤	→	⑥	→
⑦		⑧	

在电脑上完成图纸中给定的阶梯轴造型。

请问：在本次造型中，共计绘制了＿＿＿＿＿张草图，进行了＿＿＿＿＿次＿＿＿＿＿操作，进行了＿＿＿＿＿次＿＿＿＿＿操作。

任务5　知识拓展

要求：主要说明实际工程中的轴类零件在造型中应注意的问题。

作为应用最为广泛的传动零件，轴类零件经常用于传动的联接之中，为了和其他机构互相传递动力，通常会采用键联接、销联接等工艺结构来解决问题。下面重点介绍轴上的一种联接用工艺结构的造型方法。

联接的定义：采用机械机构和相关零部件把两个以上零件固定相连的方法，称为联接。

示例

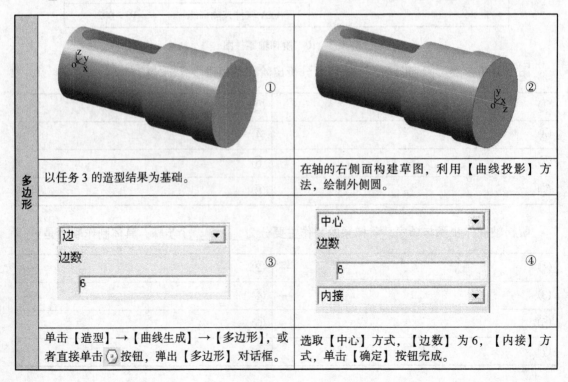

多边形	以任务3的造型结果为基础。 ①	在轴的右侧面构建草图，利用【曲线投影】方法，绘制外侧圆。 ②
	③	④
	单击【造型】→【曲线生成】→【多边形】，或者直接单击 按钮，弹出【多边形】对话框。	选取【中心】方式，【边数】为6，【内接】方式，单击【确定】按钮完成。

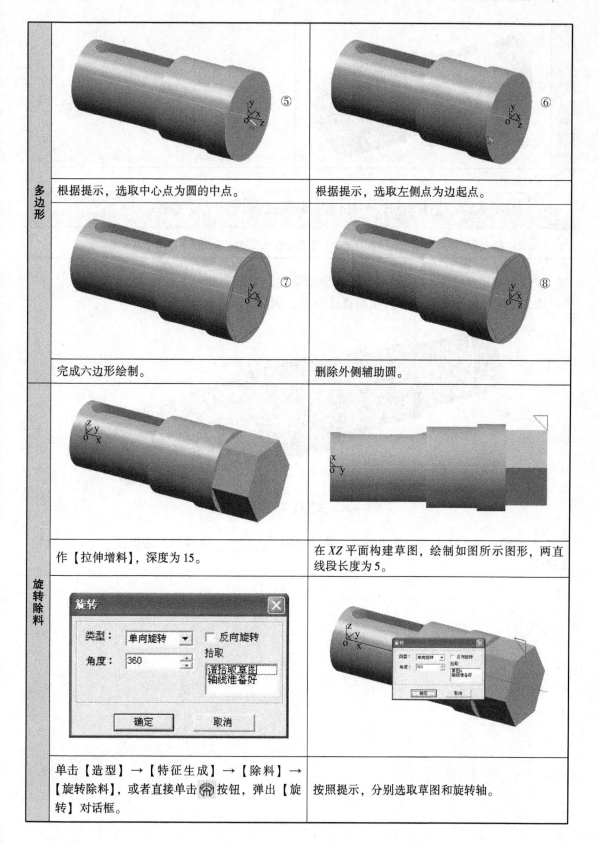

多边形		
⑤	⑥	
根据提示，选取中心点为圆的中点。	根据提示，选取左侧点为边起点。	
⑦	⑧	
完成六边形绘制。	删除外侧辅助圆。	
旋转除料		
作【拉伸增料】，深度为 15。	在 XZ 平面构建草图，绘制如图所示图形，两直线段长度为 5。	
单击【造型】→【特征生成】→【除料】→【旋转除料】，或者直接单击 按钮，弹出【旋转】对话框。	按照提示，分别选取草图和旋转轴。	

旋转除料	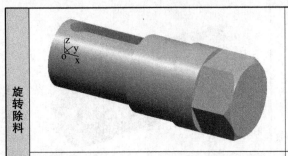	
	完成造型。	

> **注意** 绘制六边形时，边起点选择要特别注意，否则形成的多边形位置将会错误。

💡 小提示：旋转除料草图截面一定要选择正确，采用老办法在轴侧图视角多观察非常重要。

在任务 4 完成的轴上按照图 3 – 11 所示结果进行工艺造型练习。

四方结构外伸长度为 10，外接圆直径为 26，倒角为 1×45°

图 3 – 11　工艺造型后零件实体

📖 **请问**：在本次工艺特征造型中，共计绘制了_____个草图，进行了_____次特征操作。

项目 **4** 轴承座类零件造型

【学习目标】

1. 学习轴承座类零件的造型方法；
2. 掌握筋板的造型方法；
3. 掌握线性阵列的基本方法。

【轴承座类零件的应用】

图 4 - 1　轴承座类零件应用示例

　　轴承座类零件在机械设备中得到了广泛的应用，轴承座类零件主要用于支撑轴和轴上零件，从而为轴的旋转提供稳固可靠的基础。

　　轴承分为滑动轴承和滚动轴承两大类，轴承可以起到减少转轴和支撑体之间的摩擦和磨损的作用。而轴承座则对轴承起到了进一步的固定和支撑作用。如图 4 - 1 所示为滑动轴承座，通常用在高速、重载的情况下，如在离心式压缩机、大型电机、水泥搅拌机、破碎机等设备。

　　🛩 **滑动轴承的定义**：轴承和轴颈为滑动摩擦的轴承称为滑动轴承。滑动轴承的类型，可按载荷方向、润滑状态、承载方法、润滑剂种类、轴承材料等方面来划分。滑动轴承从结构上看，一般由轴承座、轴承盖、轴瓦（或轴套）、润滑及密封装置等组成，有的还具有冷却系统。

任务 1   轴承座类零件造型分析

内容：主要介绍并分析轴承座类零件造型特点。

造型特点分析

轴承座类零件（图 4-2）一般由轴承座底座、轴承孔、支撑板、筋板、固定孔及润滑孔组成。轴承座类零件多为支撑板和筋板支撑起来的轴承座孔，底座带固定孔的结构布局，可根据具体情况，采用多次拉伸增料的方法，从基础轮廓开始生成实体，然后灵活应用拉伸增料等指令，最终完成整个造型。

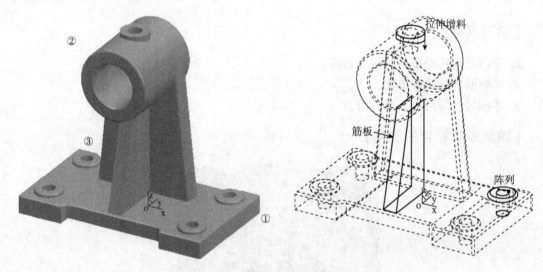

图 4-2   轴承座造型特点分析

任务 2   轴承座类零件造型主要相关命令学习

内容：主要介绍轴承座造型所需要的各个相关指令及使用方法，包括【特征生成】→【筋板】【线性阵列】。如果你已掌握上述内容，可直接转至任务 3 进行学习。

1. 特征生成

上个项目中我们对特征生成有了初步的了解，并学习了【旋转增料】和【基准面】命令及用法，特征生成有很多方法，下面重点介绍【特征工具】工具条（图 4-3）中【筋板】和【线性阵列】命令及用法。

图 4-3   【特征工具】工具条

ℹ️ 筋板制作方法

🛩️ **筋板的定义**：在指定位置增加加强筋。加强筋用于对机械机构中强度薄弱部分进行支撑和加固，从而增加结构强度，保证系统安全。

🖐️ **举例**：已知 L 形结构零件，试在实体中间位置增加筋板，零件及尺寸如图 4-4 所示。

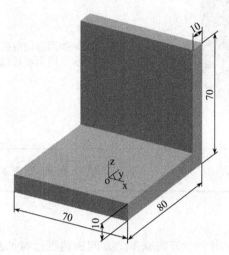

图 4-4　L 形零件尺寸图

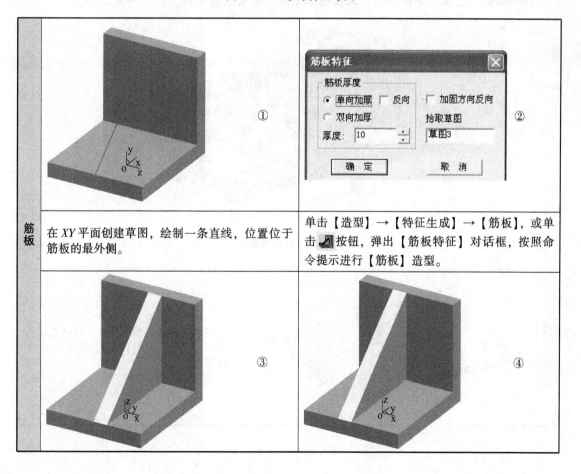

筋板		
①	在 *XY* 平面创建草图，绘制一条直线，位置位于筋板的最外侧。	② 单击【造型】→【特征生成】→【筋板】，或单击 ⬛ 按钮，弹出【筋板特征】对话框，按照命令提示进行【筋板】造型。
③	④	

筋板	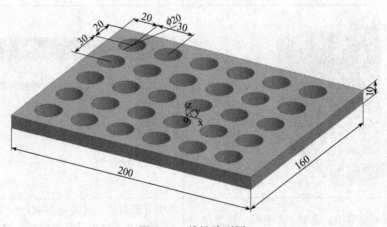 ⑤	【单向加厚】，【反向】，【厚度】：10。 注意： <1＞加固方向应指向实体，否则操作失败； <2＞草图形状可以不封闭。
	【单向加厚】，【厚度】：10。	【双向加厚】，【厚度】：10。

(表头) 【单向加厚】，【厚度】：10。 | 【单向加厚】，【反向】，【厚度】：10。

| 筋板 | 【双向加厚】，【厚度】：10。 | 💡 小提示：注意草图曲线必须和实体相连。 |

🔹 线性阵列

✈ **线性阵列的定义**：沿一个方向或多个方向快速进行特征复制操作，称为线性阵列。

🔧 **举例**：已知一平板实体，试在实体表面位置生成图中孔，尺寸如图 4-5 所示。

图 4-5　线性阵列图

线性阵列	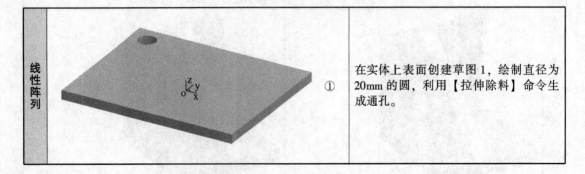 ①	在实体上表面创建草图 1，绘制直径为 20mm 的圆，利用【拉伸除料】命令生成通孔。

线性阵列

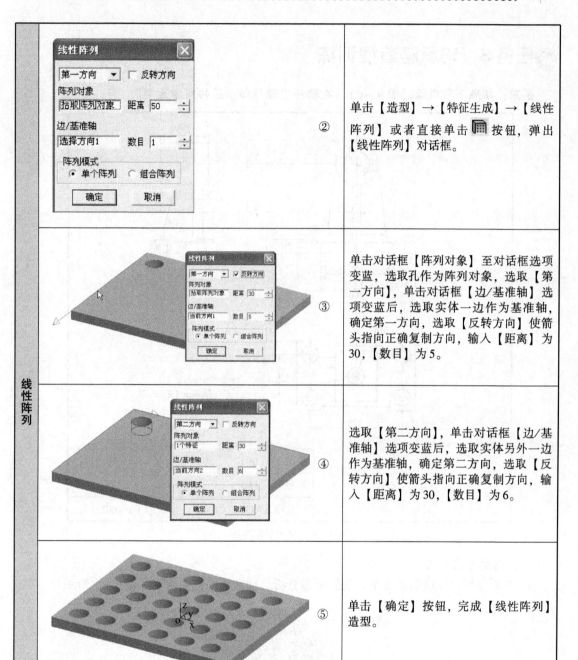

	②	单击【造型】→【特征生成】→【线性阵列】或者直接单击 ▦ 按钮，弹出【线性阵列】对话框。
	③	单击对话框【阵列对象】至对话框选项变蓝后，选取孔作为阵列对象，选取【第一方向】，单击对话框【边/基准轴】选项变蓝后，选取实体一边作为基准轴，确定第一方向，选取【反转方向】使箭头指向正确复制方向，输入【距离】为30，【数目】为5。
	④	选取【第二方向】，单击对话框【边/基准轴】选项变蓝后，选取实体另外一边作为基准轴，确定第二方向，选取【反转方向】使箭头指向正确复制方向，输入【距离】为30，【数目】为6。
	⑤	单击【确定】按钮，完成【线性阵列】造型。

注意

阵列对象：是指要进行阵列的特征。
边/基准轴：阵列所沿的指示方向的边或者基准轴。
距离：是指阵列对象相距的尺寸值，可以直接输入所需数值，也可以单击按钮来调节。
数目：是指阵列对象的个数，可以直接输入所需数值，也可以单击按钮来调节。
反转方向：是指与默认方向相反的方向进行阵列。

💡 小提示：如果特征 A 附着（依赖）于特征 B，当阵列特征 B 时，特征 A 不会被阵列。两个阵列方向都要选取。

🎱任务3　轴承座造型训练

要求：按照下列图纸（图4-6），在软件中进行轴承座的实体造型。

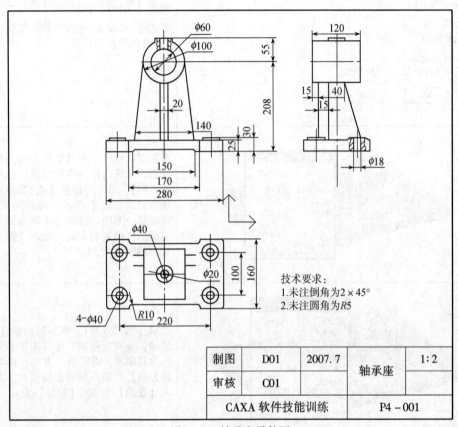

制图	D01	2007.7	轴承座	1:2
审核	C01			
CAXA 软件技能训练				P4-001

图4-6　轴承座零件图

🖐 造型方法示例

1. 图纸分析：经过阅读图纸，我们可以分析出轴承座的主要构成如图4-7所示。

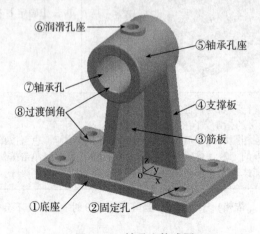

图4-7　轴承座构成图

2. 轴承座制作步骤与顺序。轴承座的制作主要分为八个步骤，具体制作顺序是：

①底座＋支撑板＋轴承孔座基础实体的造型→②轴承孔座的造型→③底座的造型→④轴承孔的造型→⑤固定孔造型→⑥润滑孔座的造型→⑦筋板造型→⑧过渡倒角造型。

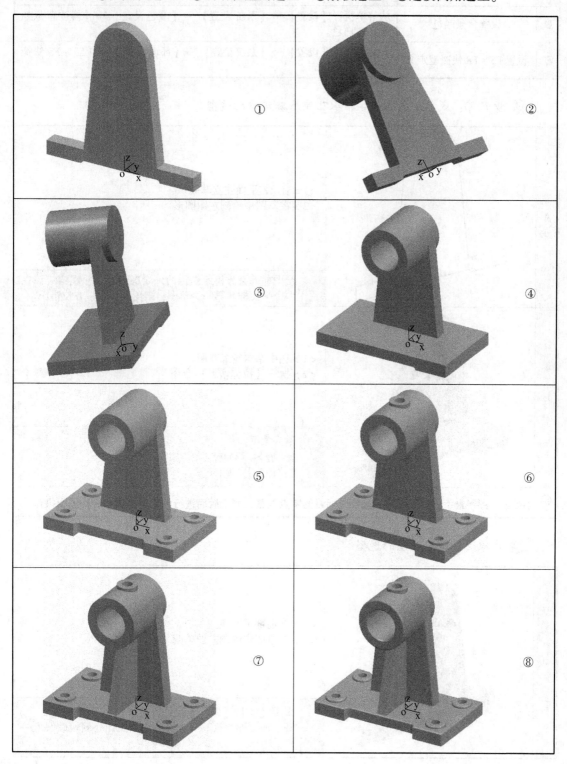

设计准备

A	启动 CAXA 制造工程师	B	新建一个文件	C	保存文件
D	设置背景颜色	从菜单执行【设置】→【系统设置】→【颜色设置】→【修改背景颜色】= 白色。			
E	设置 F5 – F8 快捷键定义	从菜单执行【设置】→【系统设置】→【环境设置】→【F5 – F8 快捷键定义】= 机床。			

步骤①：底座 + 支撑板 + 轴承孔座基础实体的造型

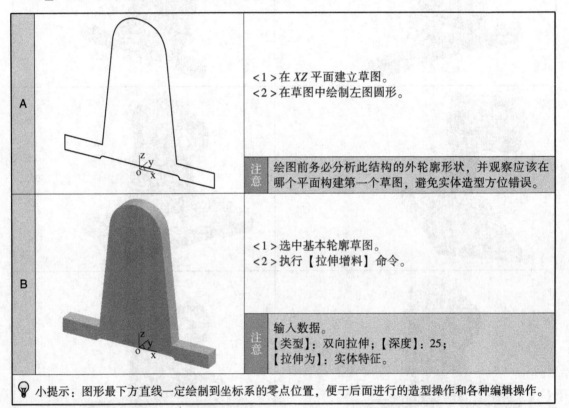

A	<1> 在 *XZ* 平面建立草图。 <2> 在草图中绘制左图圆形。
	注意 绘图前务必分析此结构的外轮廓形状，并观察应该在哪个平面构建第一个草图，避免实体造型方位错误。
B	<1> 选中基本轮廓草图。 <2> 执行【拉伸增料】命令。
	注意 输入数据。 【类型】：双向拉伸；【深度】：25； 【拉伸为】：实体特征。

💡 **小提示**：图形最下方直线一定绘制到坐标系的零点位置，便于后面进行的造型操作和各种编辑操作。

步骤②：轴承孔座的造型

A	<1> 在前部平面建立草图。 <2> 在草图中绘制左图整圆。
	注意 采用【圆】，【圆心 + 半径】。 圆心捕捉外侧轮廓圆圆心，半径捕捉外侧轮廓圆上一点。

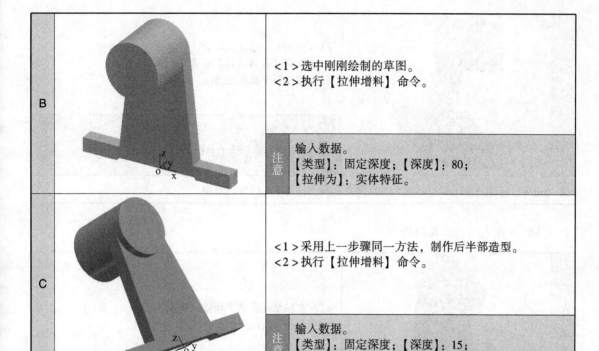

B	<1>选中刚刚绘制的草图。 <2>执行【拉伸增料】命令。
	注意：输入数据。 【类型】：固定深度；【深度】：80； 【拉伸为】：实体特征。
C	<1>采用上一步骤同一方法，制作后半部造型。 <2>执行【拉伸增料】命令。
	注意：输入数据。 【类型】：固定深度；【深度】：15； 【拉伸为】：实体特征。

💡 小提示：在绘制草图过程中充分利用捕捉命令，可以保证图形的正确。

📖 步骤③：底座的造型

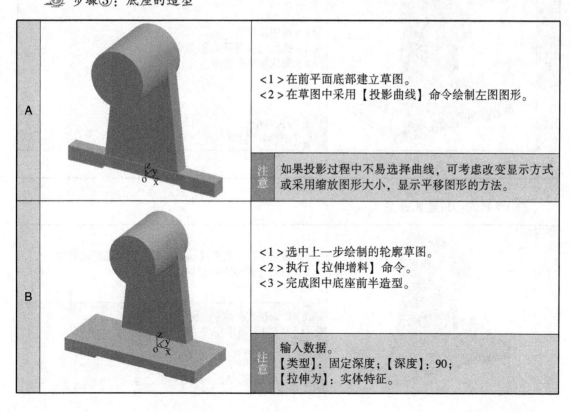

A	<1>在前平面底部建立草图。 <2>在草图中采用【投影曲线】命令绘制左图图形。
	注意：如果投影过程中不易选择曲线，可考虑改变显示方式或采用缩放图形大小，显示平移图形的方法。
B	<1>选中上一步绘制的轮廓草图。 <2>执行【拉伸增料】命令。 <3>完成图中底座前半造型。
	注意：输入数据。 【类型】：固定深度；【深度】：90； 【拉伸为】：实体特征。

| C | 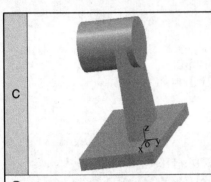 | <1>采用上一步骤同一方法，制作后半部造型。
<2>执行【拉伸增料】命令。
<3>完成图中底座造型。 |
| | | 注意　输入数据。
【类型】：固定深度；【深度】：45；
【拉伸为】：实体特征。 |

💡 小提示：步骤③和步骤②造型的方法基本一致，这两个步骤可以对调。

ℹ️ 步骤④：轴承孔的造型

A	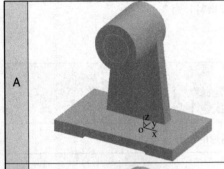	<1>在轴承孔座前平面建立草图。 <2>在草图中绘制圆。
		注意　采用【圆】，【圆心＋半径】，绘制圆心捕捉外圆圆心点，半径＝30。
B	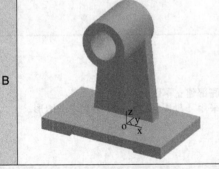	<1>选中轮廓圆。 <2>执行【拉伸除料】命令。 <3>完成轴承孔造型。
		注意　输入数据。 【类型】：贯穿。

💡 小提示：轴承座也可以从背部向前造型。

ℹ️ 步骤⑤：固定孔造型

| A | 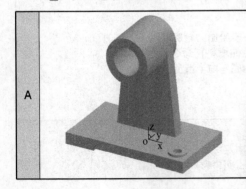 | <1>构建草图，利用【拉伸增料】构建固定孔平台。
<2>利用【拉伸除料】构建固定孔。 |
| | | 注意　输入【拉伸增料】数据。
【类型】：固定深度；【深度】：5；
【拉伸为】：实体特征。
输入【拉伸除料】数据。
【类型】：贯穿。 |

| B | 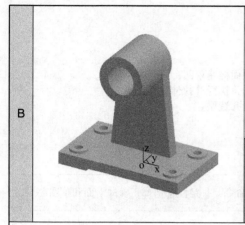 | 利用【线性阵列】命令生成四个固定孔座和固定孔。 |
| | | 注意 |

<table>

| 注意 | 输入【线性阵列】数据。
【第一方向】【距离】：220；【数目】：2，
【第二方向】【距离】：100；【数目】：2，
【阵列对象】2 个特征；
【单个阵列】。 |

💡 小提示：在进行线性阵列时一定注意选择正确的第一、第二方向，并输入正确的第一方向数据，第二方向数据。

🔰 步骤⑥：润滑孔座的造型

A	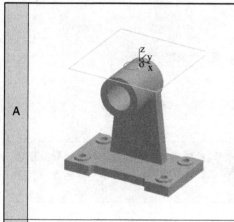	<1>以 *XY* 平面为基准构建基准平面。 <2>绘制整圆。
		注意　首先构建辅助直线，辅助线距离 *XOY* 坐标零点为 20，捕捉直线端点，绘制整圆，利用【圆心＋半径】方法，半径 20。
B		<1>选中草图圆。 <2>执行【拉伸增料】命令生成润滑孔平台。 注意　输入【拉伸增料】数据。 【类型】：拉伸到面；【拉伸为】：实体特征。

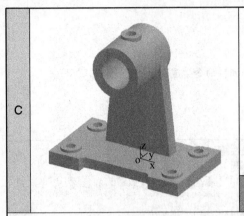

| C | | <1>在平台顶面构建草图，绘制中心孔圆。
<2>选中草图，执行【拉伸除料】命令。
<3>完成润滑孔造型。 |
| | 注意 | 拉伸到面命令，一定注意选择正确的平面和草图。 |

💡 小提示：在实际应用中可以灵活应用基准构建方法，除了平行距离外，还有很多其他构建方法。

i 步骤⑦：筋板造型

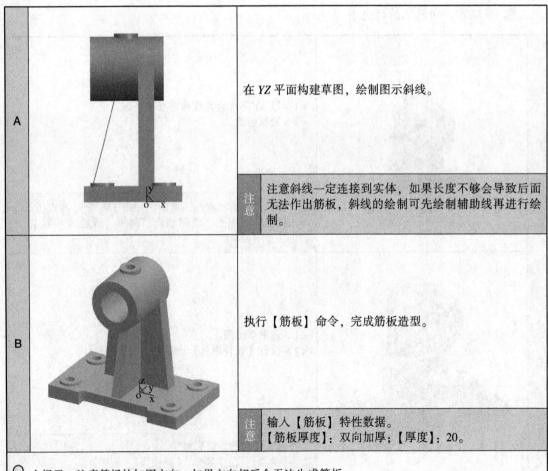

A		在 YZ 平面构建草图，绘制图示斜线。
	注意	注意斜线一定连接到实体，如果长度不够会导致后面无法作出筋板，斜线的绘制可先绘制辅助线再进行绘制。
B		执行【筋板】命令，完成筋板造型。
	注意	输入【筋板】特性数据。 【筋板厚度】：双向加厚；【厚度】：20。

💡 小提示：注意筋板的加固方向，如果方向相反会无法生成筋板。

i 步骤⑧：过渡倒角造型

根据图纸尺寸，完成各个过渡倒角造型。

注意 整个实体造型完毕。

任务 4 项目练习与总结

要求：按照下列图纸（图 4 - 8），在软件中进行轴承座的实体造型练习，并总结相关知识点。

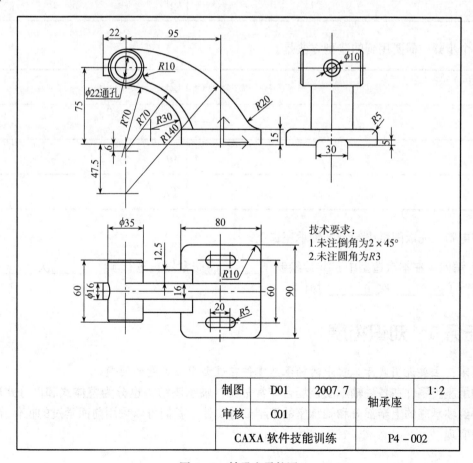

技术要求：
1.未注倒角为2×45°
2.未注圆角为R3

制图	D01	2007.7	轴承座	1：2
审核	C01			
CAXA 软件技能训练			P4 - 002	

图 4 - 8 轴承座零件图

图纸分析：经过阅读图纸，我们可以分析出轴承座由以下几部分构成。

①	②
③	④
⑤	⑥
⑦	⑧

轴承座制作步骤与顺序。轴承座制作主要分为_____个步骤，具体制作顺序是：

① →	② →
③ →	④ →
⑤ →	⑥ →
⑦	⑧

各个步骤中需要用到的造型方法是：

① →	② →
③ →	④ →
⑤ →	⑥ →
⑦	⑧

在电脑上完成图纸中给定的轴承座造型。

请问：在本次造型中，共计绘制了_____张草图，进行了_____次_____操作，进行了_____次_____操作。

任务5　知识拓展

要求：主要说明实际工程中的轴承座零件在造型中应注意的问题。

轴承座类零件在各种轴承安装场合非常常见，轴承座结构也分为整体式和剖分式两种。为了得到轴承座的上半部分和轴承座的下半部分实体，我们可以采用前面学过的拉伸除料的方法来实现。

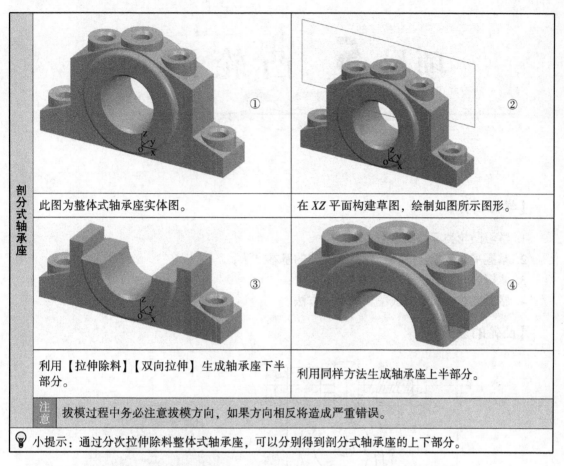

示例

<table>
<tr>
<td rowspan="5">剖分式轴承座</td>
<td colspan="2"></td>
</tr>
<tr>
<td>此图为整体式轴承座实体图。</td>
<td>在 XZ 平面构建草图，绘制如图所示图形。</td>
</tr>
<tr>
<td colspan="2"></td>
</tr>
<tr>
<td>利用【拉伸除料】【双向拉伸】生成轴承座下半部分。</td>
<td>利用同样方法生成轴承座上半部分。</td>
</tr>
<tr>
<td colspan="2">注意 拔模过程中务必注意拔模方向，如果方向相反将造成严重错误。</td>
</tr>
</table>

小提示：通过分次拉伸除料整体式轴承座，可以分别得到剖分式轴承座的上下部分。

在任务4完成的支架上进行分体式上下部分剖分练习，如图4-9所示。

图4-9 整体式支架

请问：在本次剖分造型中，共计制作了_____个草图，进行了_____次除料。

项目 **5** 凸 轮 造 型

【学习目标】

1. 学习凸轮类零件的造型方法；
2. 掌握平面生成及曲面加厚生成实体的基本方法；
3. 掌握旋转除料和导动除料的基本方法；
4. 掌握曲线打断等曲线编辑的基本方法。

【凸轮的应用】

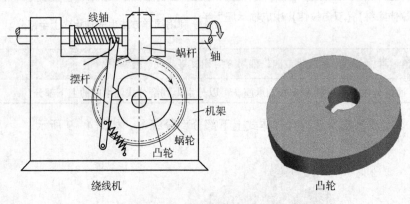

图 5 - 1 凸轮机构应用示例

  凸轮机构广泛应用于各种自动机械、仪器和操纵控制装置中，且结构简单紧凑，可实现各种复杂的运动要求，如内燃机的配气机构、自动车床横刀架进给机构、车床仿形机构等。绕线机也是凸轮机构的一个实际应用例子，如图 5 - 1 所示，该结构可以在绕线过程中，使线缠绕整齐，并自动反向。它由机架、摆动杆、凸轮和线轴等组成。

  ⚙ **凸轮机构的定义**：凸轮机构主要是由凸轮、从动件和机架组成的一种高副机构。凸轮是具有曲线轮廓或沟槽的构件，一般为主动件。当凸轮以等角速回转时，可使从动件按照预定的运动规律作间歇或连续的直线往复运动（如自动车床横刀架进给机构），或者摆动（如绕线机）。

任务 1　凸轮零件造型分析

内容：主要介绍并分析凸轮造型特点。

造型特点分析

一般凸轮设计的过程是，首先根据工作要求确定从动件的运动规律，如图 5－2 所示，然后按照这一规律设计凸轮轮廓线，并进一步设计其具体结构。

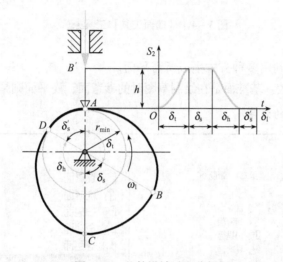

图 5－2　凸轮设计过程分析

简单凸轮实体造型主要是拉伸增料和拉伸除料特征。造型的难点是分析出机构所需的运动规律后，轮廓曲线的数学计算及我们如何用图形进行描述，如图 5－3 所示。

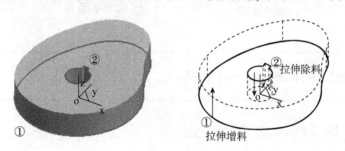

图 5－3　凸轮实体造型结构分析

任务 2　凸轮零件造型主要相关命令学习

内容：主要介绍凸轮零件造型所需要的各个相关指令及使用方法，包括

【曲面生成】→【平面】/【特征生成】→【曲面加厚增料】【导动除料】等。如果你已掌握上述内容，可直接转至任务 3 进行学习。

1. 曲面生成

运用【曲面工具】工具条（图5-4）的各项命令可以完成各种【曲面工具】操作。本任务重点学习【平面】绘制方法。

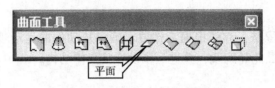

图5-4　【曲面工具】工具条

✈ **平面的定义**：利用多种方式生成所需平面。

平面与基准面的比较：基准面是在绘制草图时的参考面，而平面则是一个实际存在的面。

ⓘ 进入平面绘制的方法

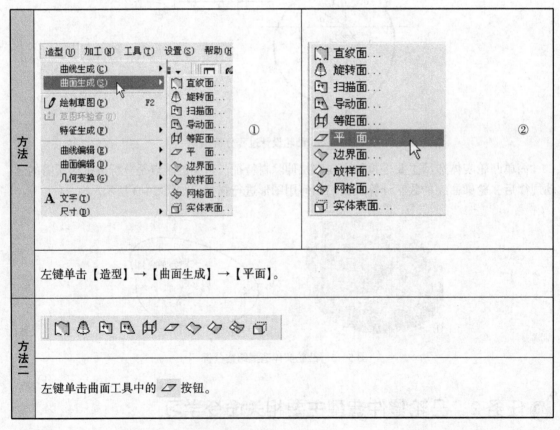

| 方法一 | 左键单击【造型】→【曲面生成】→【平面】。 |
| 方法二 | 左键单击曲面工具中的 ⟋ 按钮。 |

ⓘ **平面的作图方法**：进入平面状态后有"裁剪平面"或者"工具平面"的选择，我们需要选择"裁剪平面"一项。

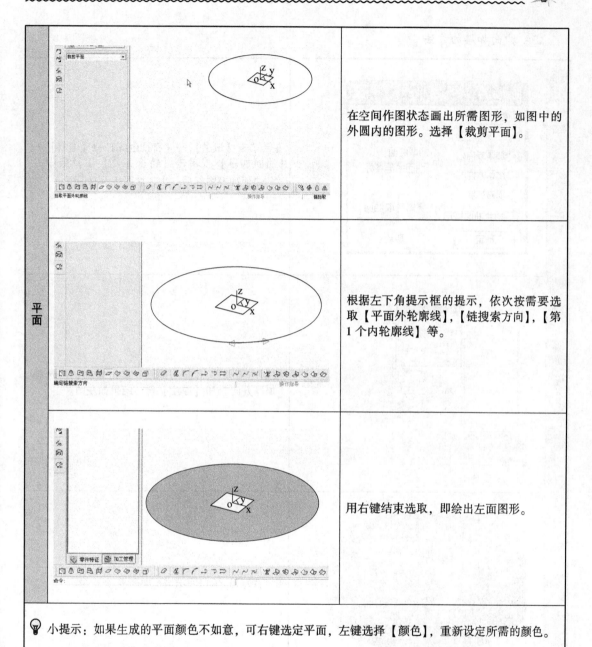

	在空间作图状态画出所需图形，如图中的外圆内的图形。选择【裁剪平面】。
	根据左下角提示框的提示，依次按需要选取【平面外轮廓线】，【链搜索方向】，【第1个内轮廓线】等。
	用右键结束选取，即绘出左面图形。

💡 小提示：如果生成的平面颜色不如意，可右键选定平面，左键选择【颜色】，重新设定所需的颜色。

2. 特征生成

运用【特征工具】工具条中的【曲面加厚】，可以将已有的曲面转化为所需的实体。

曲面加厚

图5-5 【特征工具】工具条

ⓘ 曲面加厚的方法

<table>
<tr>
<td rowspan="3">曲面加厚</td>
<td>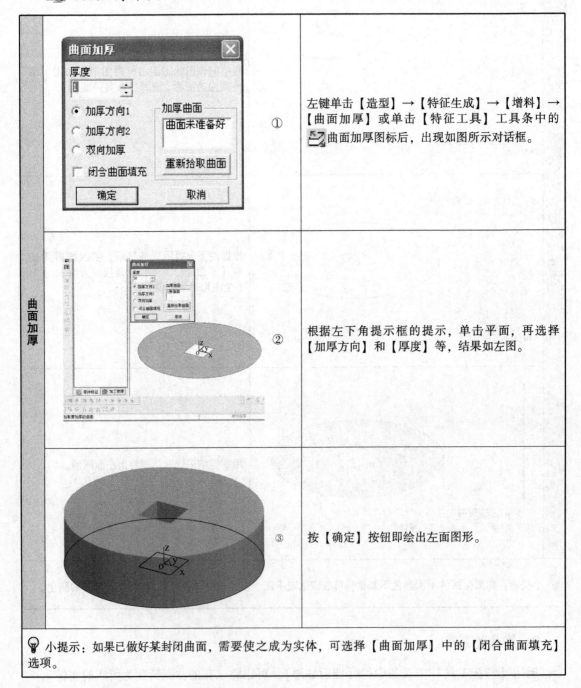</td>
<td>①</td>
<td>左键单击【造型】→【特征生成】→【增料】→【曲面加厚】或单击【特征工具】工具条中的 曲面加厚图标后，出现如图所示对话框。</td>
</tr>
<tr>
<td></td>
<td>②</td>
<td>根据左下角提示框的提示，单击平面，再选择【加厚方向】和【厚度】等，结果如左图。</td>
</tr>
<tr>
<td></td>
<td>③</td>
<td>按【确定】按钮即绘出左面图形。</td>
</tr>
</table>

💡 小提示：如果已做好某封闭曲面，需要使之成为实体，可选择【曲面加厚】中的【闭合曲面填充】选项。

任务3 典型凸轮造型训练

要求：按照下列图纸（图5-6），在软件中进行典型简易凸轮的实体造型。

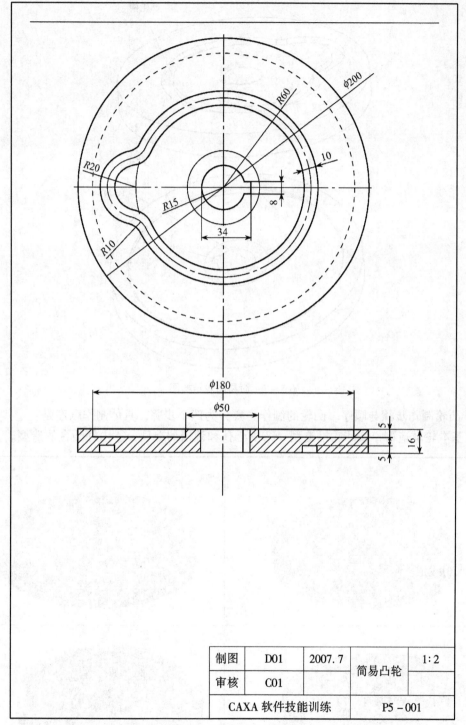

制图	D01	2007.7	简易凸轮	1：2
审核	C01			
CAXA 软件技能训练			P5 - 001	

图 5 - 6　简易凸轮零件图

造型方法示例

1. 图纸分析：经过阅读图纸，我们可以分析出凸轮的构成如图 5 - 7 所示。

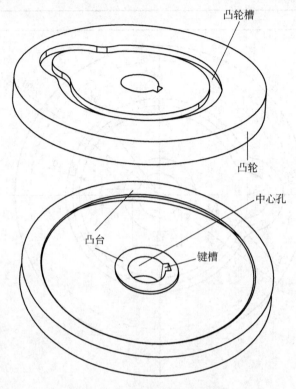

图 5-7   简易凸轮结构图

2. 凸轮制作步骤与顺序。凸轮的制作主要分为四个步骤，具体制作顺序是：

①基本轮廓造型→②凸轮槽造型→③中心孔和键槽的造型→④内外凸台的造型。

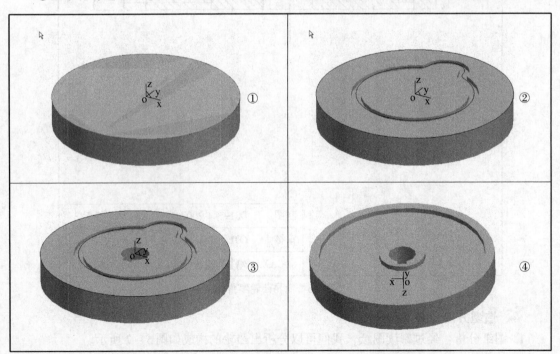

📄 步骤①：基本轮廓造型

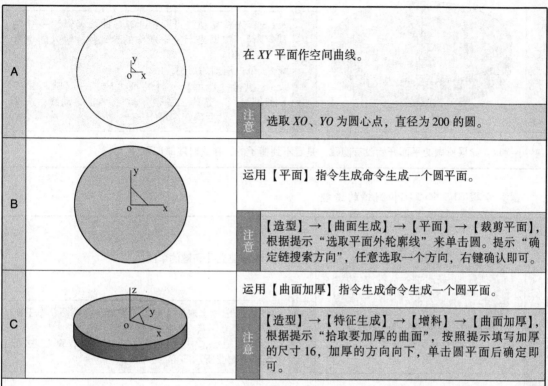

A		在 XY 平面作空间曲线。
		注意：选取 XO、YO 为圆心点，直径为 200 的圆。
B		运用【平面】指令生成命令生成一个圆平面。
		注意：【造型】→【曲面生成】→【平面】→【裁剪平面】，根据提示"选取平面外轮廓线"来单击圆。提示"确定链搜索方向"，任意选取一个方向，右键确认即可。
C		运用【曲面加厚】指令生成命令生成一个圆平面。
		注意：【造型】→【特征生成】→【增料】→【曲面加厚】，根据提示"拾取要加厚的曲面"，按照提示填写加厚的尺寸 16，加厚的方向向下，单击圆平面后确定即可。

💡 小提示：实体完成后，可以单击左键选中圆平面，单击右键选择隐藏，平面隐藏后，会使得下面的操作更方便。有时由于某种原因，我们选定某图素比较困难，不易选中。可以利用软件的"拾取过滤"功能。执行【设置】→【拾取过滤设置】：先按"清除所有类型"，再选择所需要的类型，如"空间曲面"，最后单击所需图素，即可立刻选中。

📄 步骤②：凸轮槽造型

A		作导动除料所需的导动线。
		注意：<1>在零件上表面作圆心为（0,0）点，半径为 60 的圆。 <2>在（0,60）处作半径为 20 的圆。 <3>再按照需要进行剪裁，过渡半径为 10。
B		作凸轮槽导动除料所用截面草图。
		注意：<1>选择 XZ 面作草图。 <2>选择【造型】→【曲线生成】→【矩形】，"中心_长_宽"方式，输入长 10，宽 10，中心输入（−60,0,0）。

		用导动除料的方式作出凸轮槽。
C	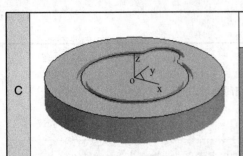	注意: <1>首先将导动线打断:选择【曲线编辑】→【曲线打断】,根据提示拾取所作的导动线,输入断点坐标 (0,−60)。 <2>单击刚画的草图。 <3>执行【造型】→【特征生成】→【除料】→【导动除料】,选择"固接导动",单击导动线,选择导动方向,然后确定即可。

💡 小提示:如果所做的平面开始没有隐藏,是看不到槽子的,在这时隐藏即可。

ℹ️ 步骤③:中心孔和键槽的造型

A	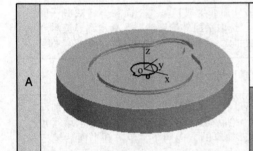	在零件上表面建立孔和键的草图。
		注意: <1>首先选择上表面为草图基准面,在草图状态下画圆心在 (0,0) 点,半径为 15 的圆。 <2>再建矩形,中心在 (0,−15),长 8,宽 8;进行适当剪裁如图所示即可。
B	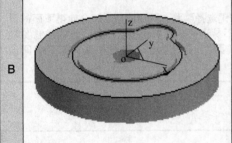	运用【拉伸除料】命令,生成中心孔和键槽。
		注意: 选中刚画好的图形,选择【造型】→【特征生成】→【除料】→【拉伸除料】,根据提示"类型"选择贯穿,确定即可。

💡 小提示:上表面本身也是 XY 平面,选择 XY 平面作草图基准面也是一样的。

ℹ️ 步骤④:内外凸台的造型

A	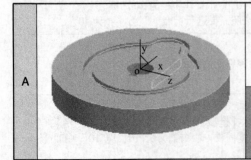	在图中选择 YZ 平面作为草图基准面,作旋转除料的草图。
		注意: 选择 YZ 平面为草图基准面,单击 🖉 绘制草图图标绘制草图,选择【造型】→【曲线生成】→【矩形】,输入长 65,宽 10,中心为 (57.5,−30,0),确定即可。

B	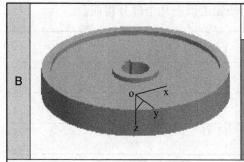	运用【旋转除料】命令，切出大小凸台。
	注意	<1> 在零件上画出旋转的轴线，退出草图状态，作一条与 Z 轴重合的空间直线线段。 <2> 执行【造型】→【特征生成】→【除料】→【旋转除料】。 <3> 按照提示选取草图、轴线、类型单向旋转、角度360 后确定。 <4> 将不需要显示的线段隐藏。

小提示：暂时某一图素不需要显示，可用左键选中后，再按右键，选择"隐藏"即可。一般不需删除，因为隐藏的图素一旦需要，还可以再显示。可按下述方法显示，执行【编辑】→【可见】，则所有隐藏的图素均会显示出来，可根据需要点出。

任务4 项目练习与总结

要求： 按照下列图纸（图 5-8），在软件中进行盘形凸轮的实体造型练习，并总结相关知识点。

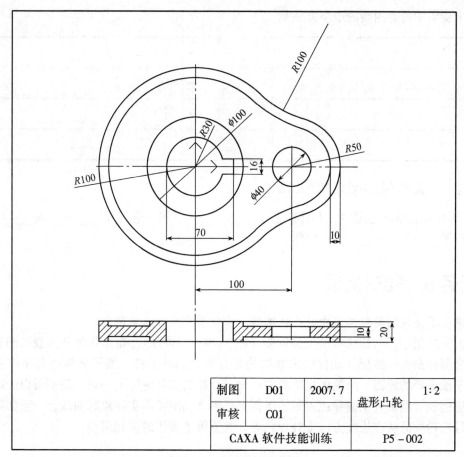

图 5-8 盘形凸轮零件图

图纸分析：经过阅读图纸，我们可以分析出盘形凸轮由以下几个部分构成。

①	②
③	④
⑤	⑥
⑦	

凸轮制作步骤与顺序。盘形凸轮的制作主要分为_____个步骤，具体制作顺序是：

①	→	②	→
③	→	④	→
⑤	→	⑥	→
⑦			

各个步骤中需要用到的造型方法是：

①	→	②	→
③	→	④	→
⑤	→	⑥	→
⑦			

在电脑上完成图纸中给定的盘形凸轮。

请问：在本次造型中，共计绘制了_____张草图，进行了_____次_____操作，进行了_____次_____操作。

任务5　知识拓展

要求：主要说明实际工程中的凸轮零件，在造型中应注意的问题。

在实际应用中，凸轮机构的类型较多（图 5-9），如按照凸轮形状可分为盘形凸轮、移动凸轮和圆柱凸轮；按照从动件的末端结构可分为尖端从动杆、滚子从动件和平底从动件等。由于滚子等的原因，凸轮的理论轮廓可能与凸轮的实际轮廓不一致。我们可以先绘制出理论轮廓曲线，然后利用偏移或等距线等指令得到我们所需的实际轮廓曲线，一般实际轮廓曲线与理论轮廓曲线在法线方向上处处相等，其值等于滚子的半径值。

示例

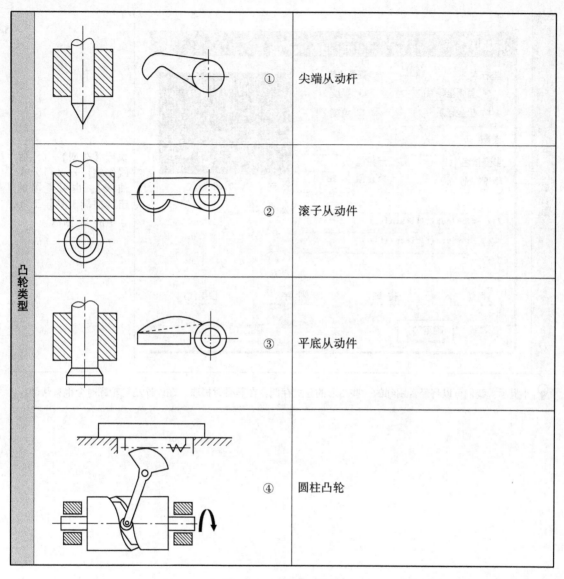

凸轮类型		①	尖端从动杆
		②	滚子从动件
		③	平底从动件
		④	圆柱凸轮

图 5 – 9　凸轮类型简介

　　实际凸轮机构中的凸轮轮廓，往往需要应用到公式曲线，我们可以借助软件的公式曲线进行轮廓形状的绘制。执行【造型】→【曲线生成】→【f(x)公式曲线】，输入相应的公式，即可绘制出需要的图形，也可单击【曲线工具】工具条中的 f(x) 图标，如图 5 – 10 所示。

公式曲线

图 5 – 10　【曲线工具】工具条

👆 **示例**

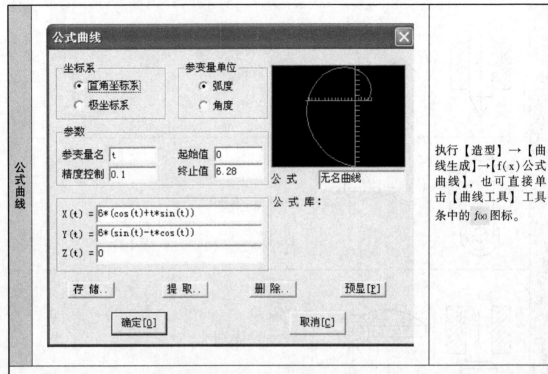

公式曲线

💡 小提示：我们可以将经常用到的一些图形的公式存储，在需要时提取。在设计凸轮轮廓时会很有帮助。

项目 6 齿轮造型

【学习目标】

1. 学习齿轮类零件的造型方法；
2. 掌握由"CAXA 电子图板"的二维图转到"CAXA 制造工程师"中的基本方法；
3. 学习 CAXA 制造工程师"零件设计"与"数控编程"软件之间图形的转换。

【齿轮的应用】

减速器   齿轮

图 6-1 齿轮机构应用示例

齿轮传动是指主、从动轮轮齿直接啮合，传动运动和动力的装置。根据传动类型可分为圆柱齿轮传动、圆锥齿轮传动、蜗杆蜗轮传动等；根据齿轮轮齿可分为直齿、斜齿、人字齿等；根据齿轮齿廓曲线形状也可分为渐开线齿轮、摆线齿轮、圆弧齿轮传动等。

由于齿轮传动平稳，传动比精确，工作可靠寿命长，适用的功率高，速度和尺寸可在较大范围内变动，在机械传动中应用最为广泛。

渐开线齿廓的齿轮，其具有以下优点：可用直刃刀具加工，精度较高而成本较低；中心距可调整，而传动比不变；制造和安装很方便；传动平稳等。因此，一般工程中较多选用渐开线齿轮。

🛩 **齿轮机构的定义**：齿轮机构主要是由主动轮、从动轮和机架等组成。金属切削机床的主轴箱、减速器、齿轮泵等，都是齿轮机构的典型应用。图 6-1 是齿轮传动在减速器中应用的典型例子。

任务1　齿轮零件造型分析

内容：主要介绍并分析齿轮造型特点。

造型特点分析

图6-2所示为齿轮造型特点分析，根据齿轮传动的传动功率、输入转速、传动比等条件，确定中心距等主要参数；设计和计算齿轮的基本参数，并进行几何尺寸计算；强度校核，在基本参数确定后，进行精确的齿面接触强度和齿根弯曲强度校核。

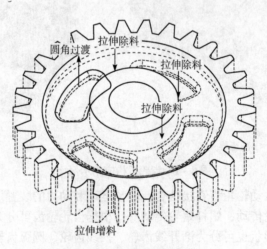

图6-2　齿轮造型特点分析

任务2　齿轮零件造型主要相关命令学习

内容：主要介绍齿轮零件造型所需要的各个相关指令及使用方法，包括
CAXA 电子图板→【绘图】→【齿轮生成】→【文件】→【数据接口】→【输出视图】；
CAXA 制造工程师零件设计→【文件】→【读入草图】；

CAXA 制造工程师数控加工→【文件】→【打开文件】等。

CAXA 电子图板（V2 版）

利用电子图板的齿轮生成功能生成齿轮齿廓图形。

ⓘ 齿轮齿廓绘制的方法

空间齿轮齿廓绘制参数	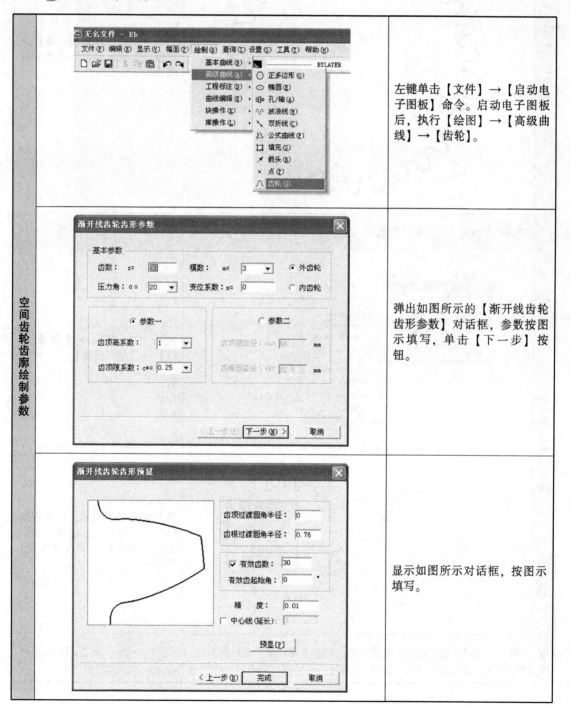	左键单击【文件】→【启动电子图板】命令。启动电子图板后，执行【绘图】→【高级曲线】→【齿轮】。
		弹出如图所示的【渐开线齿轮齿形参数】对话框，参数按图示填写，单击【下一步】按钮。
		显示如图所示对话框，按图示填写。

生成齿形轮廓线

单击【完成】按钮后，选择坐标原点为插入点，即可生成齿形轮廓线。

注意　　需要预先装入 CAXA 电子图板 V2 版。

电子图板输出视图

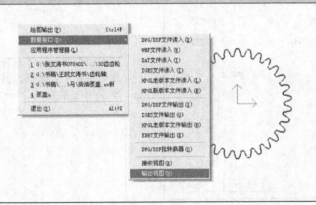

执行【文件】→【数据接口】→【输出视图】。

按照状态栏的提示，框选齿廓线后，右键确认，出现"输出完毕"提示框，单击【确定】按钮。

💡 小提示：所谓框选，即在需要选择的图形左上方单击一次鼠标左键，向右下方拉动，则绘图区出现一个方框指示你所选定的区域，当方框所圈定的图形满足要求时，再次单击左键，完成图形的选取。

任务 3 齿轮造型训练

要求：按照下列图纸（图 6-3），在软件中进行齿轮的实体造型。

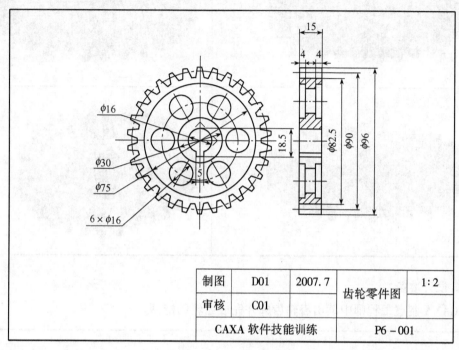

制图	D01	2007.7	齿轮零件图	1:2
审核	C01			
CAXA 软件技能训练			P6-001	

图 6-3 齿轮零件图

造型方法示例

1. 图纸分析：经过阅读图纸，我们可以分析出齿轮的构成如图 6-4 所示。

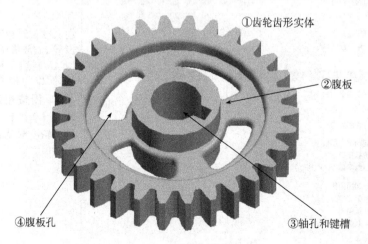

①齿轮齿形实体

②腹板

④腹板孔

③轴孔和键槽

图 6-4 齿轮实体构成图

2. 齿轮制作步骤与顺序。齿轮的制作主要分为四个步骤，具体制作顺序是：
①齿轮齿形实体造型→②腹板造型→③轴孔和键槽的造型→④腹板孔的造型。

① ② ③ ④

设计准备

在 CAXA 制造工程师中读出齿轮齿廓并完成齿轮的造型。

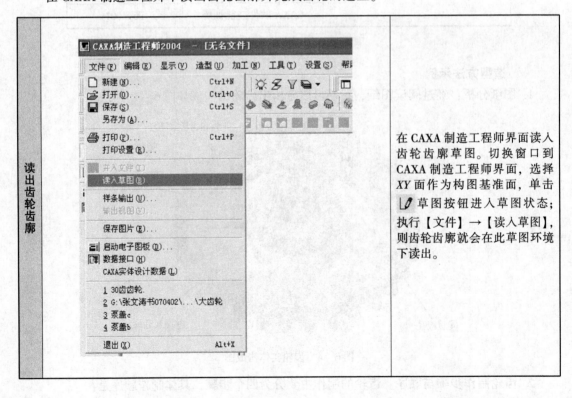

读出齿轮齿廓

在 CAXA 制造工程师界面读入齿轮齿廓草图。切换窗口到 CAXA 制造工程师界面，选择 *XY* 面作为构图基准面，单击 草图按钮进入草图状态；执行【文件】→【读入草图】，则齿轮齿廓就会在此草图环境下读出。

| 读出齿轮齿廓 | 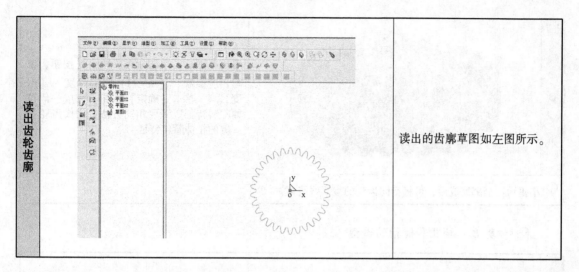 | 读出的齿廓草图如左图所示。 |

步骤①：齿轮齿形实体造型

| A | 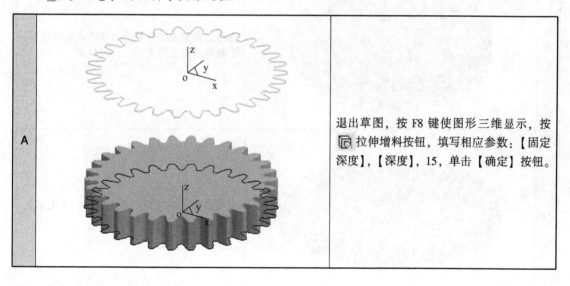 | 退出草图，按 F8 键使图形三维显示，按拉伸增料按钮，填写相应参数：【固定深度】，【深度】，15，单击【确定】按钮。 |

步骤②：腹板造型

| A | 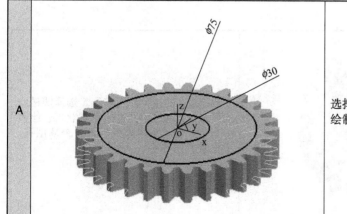 | 选择上表面为构造基准面并进入草图状态，绘制两个圆，直径分别为 30 和 75。 |

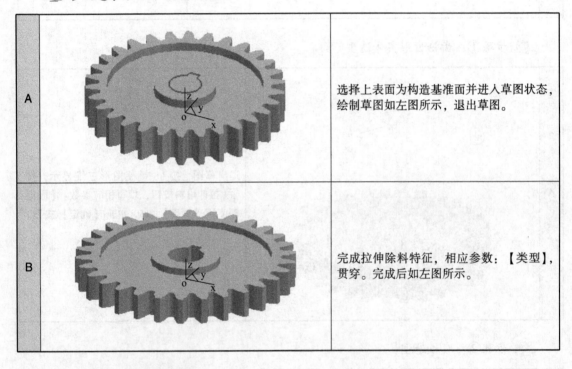

| B | | 退出草图后，单击 拉伸除料按钮，填写相应参数。【类型】，固定深度，【深度】，4，单击【确定】按钮，完成一侧拉伸除料特征。采取相同方法，完成齿轮另一侧的拉伸除料特征。 |

小提示：全部完成后，可将空间齿轮的齿廓线隐藏。

步骤③：轴孔和键槽的造型

| A | | 选择上表面为构造基准面并进入草图状态，绘制草图如左图所示，退出草图。 |
| B | | 完成拉伸除料特征，相应参数：【类型】，贯穿。完成后如左图所示。 |

步骤④：腹板孔的造型

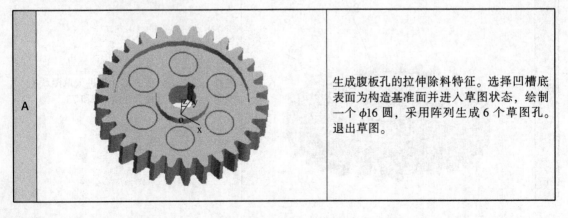

| A | | 生成腹板孔的拉伸除料特征。选择凹槽底表面为构造基准面并进入草图状态，绘制一个 φ16 圆，采用阵列生成 6 个草图孔。退出草图。 |

B	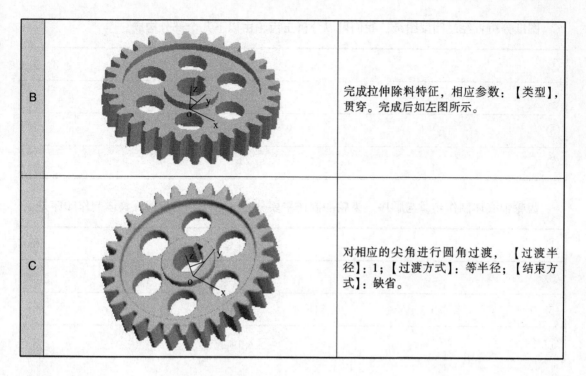	完成拉伸除料特征，相应参数：【类型】，贯穿。完成后如左图所示。
C	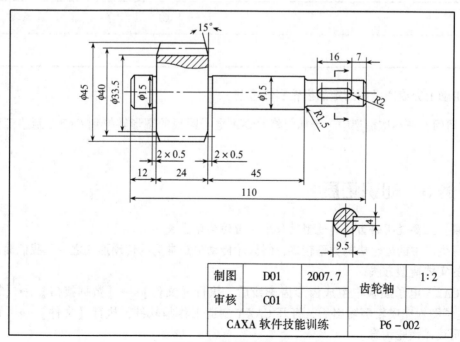	对相应的尖角进行圆角过渡，【过渡半径】：1；【过渡方式】：等半径；【结束方式】：缺省。

任务4 项目练习与总结

要求：按照下列图纸（图6-5），在软件中进行简易齿轮轴的实体造型练习，并总结相关知识点。

制图	D01	2007.7	齿轮轴	1:2
审核	C01			
CAXA 软件技能训练			P6-002	

图6-5 齿轮轴零件图

图纸分析：经过阅读图纸，我们可以分析出齿轮由以下几个部分构成。

①	②
③	④
⑤	⑥
⑦	

齿轮轴实体制作步骤与顺序。齿轮的制作主要分为_____个步骤，具体制作顺序是：

①	→	②	→
③	→	④	→
⑤	→	⑥	→
⑦			

各个步骤中需要用到的造型方法是：

①	→	②	→
③	→	④	→
⑤	→	⑥	→
⑦			

在电脑上完成图纸中给定的齿轮实体造型。

请问：在本次造型中，是如何将 CAXA 电子图板的图形转换到 CAXA 制造工程师中的？

任务 5　知识拓展

要求：主要说明斜齿轮的造型过程中斜齿的实体生成。

实际生产中的齿轮机构类型较多，斜齿轮传动也是常见的传动形式之一。我们简单介绍斜齿轮的实体造型方法。

在 CAXA 电子图板中生成齿形齿廓线后，执行【文件】→【数据接口】→【输出视图】，电子图板完成轮廓输出后，打开 CAXA 制造工程师软件，执行【文件】→【读入草图】即可读入齿轮齿廓。

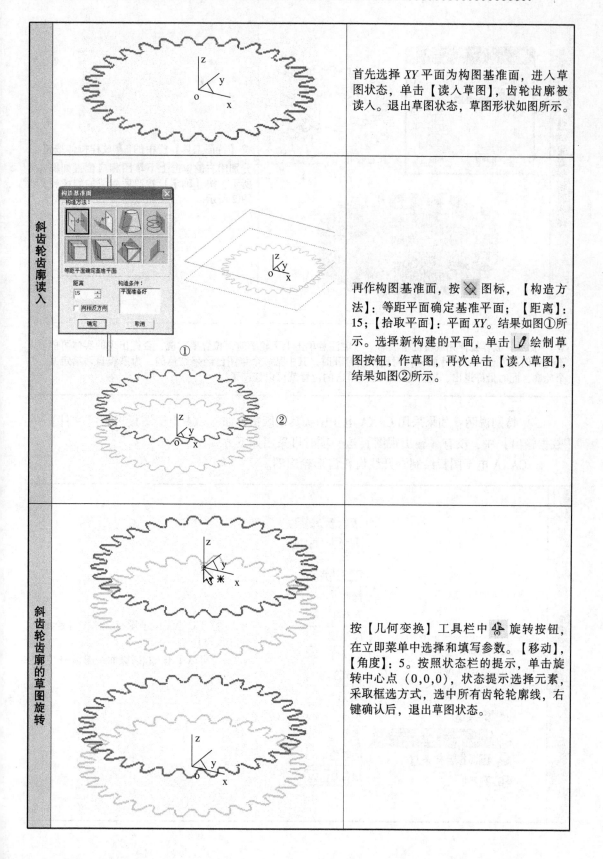

斜齿轮齿廓读入	首先选择 XY 平面为构图基准面，进入草图状态，单击【读入草图】，齿轮齿廓被读入。退出草图状态，草图形状如图所示。 再作构图基准面，按 ◇ 图标，【构造方法】：等距平面确定基准平面；【距离】：15；【拾取平面】：平面 XY。结果如图①所示。选择新构建的平面，单击 ✎ 绘制草图按钮，作草图，再次单击【读入草图】，结果如图②所示。
斜齿轮齿廓的草图旋转	按【几何变换】工具栏中 旋转按钮，在立即菜单中选择和填写参数。【移动】，【角度】：5。按照状态栏的提示，单击旋转中心点（0,0,0），状态提示选择元素，采取框选方式，选中所有齿轮轮廓线，右键确认后，退出草图状态。

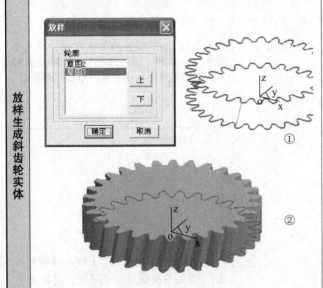

放样生成斜齿轮实体

①

②

按【特征工具】栏中的 放样拉伸按钮，分别用右键单击上下草图相应位置如图①所示，按【确定】按钮后生成的斜齿轮如图②所示。

💡 小提示：放样拉伸完成特征生成时，一定注意单击上下轮廓时，位置要对应，否则出现的实体可能就不是我们所需要的。若【放样】对话框刚打开时，其中某一个草图已经是红色的，为系统自动给定某一个轮廓，此时最好退出，重新进入，这样单击的位置就可以控制了。

🕹 **特别说明：**如果采用 CAXA 电子图板其他版本，如 CAXA 电子图板 XP，【文件】→【数据输出】中，没有【输出视图】这一项时可采用如下方式。

1. CAXA 电子图板绘制渐开线齿轮齿形轮廓图。

齿廓生成与导出

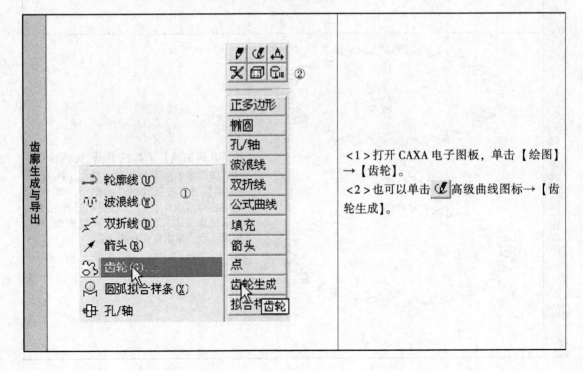

②

正多边形
椭圆
孔/轴
波浪线
双折线
公式曲线
填充
箭头
点
齿轮生成
拟合样齿轮

⤷ 轮廓线 (U)　①
ᾶ 波浪线 (W)
⤬ 双折线 (D)
↗ 箭头 (R)
⚙ 齿轮 (...)
⌓ 圆弧拟合样条 (X)
⊞ 孔/轴

<1> 打开 CAXA 电子图板，单击【绘图】→【齿轮】。

<2> 也可以单击 高级曲线图标→【齿轮生成】。

齿廓生成与导出

齿形的各项参数按照需要填写。

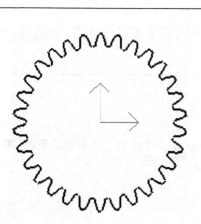

单击【确定】按钮，按照状态栏的提示，选择原点为"齿轮定位点"。

齿廓生成与导出

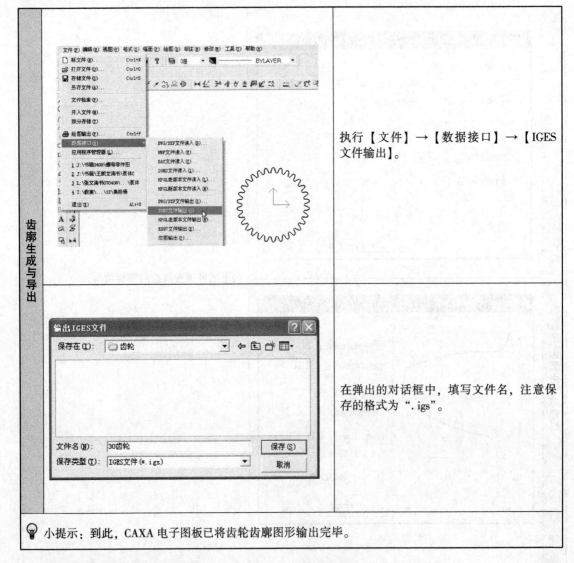

执行【文件】→【数据接口】→【IGES
文件输出】。

在弹出的对话框中，填写文件名，注意保
存的格式为".igs"。

💡 小提示：到此，CAXA 电子图板已将齿轮齿廓图形输出完毕。

2. 利用"CAXA 制造工程师—零件设计"对零件类型进行转换，以适应"CAXA 制造
工程师—数控加工"软件的需要。

启动软件

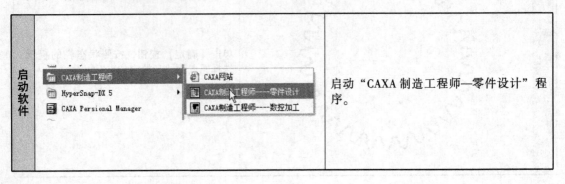

启动"CAXA 制造工程师—零件设计"程
序。

齿廓导入参数		打开"CAXA制造工程师—零件设计"软件，执行【文件】→【输入】。
	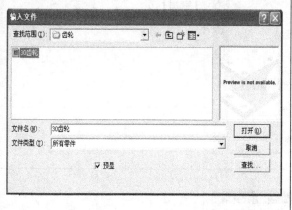	在弹出的【输入文件】对话框中，选中所需文件。
	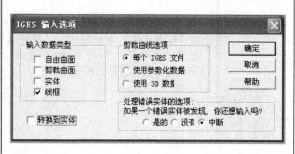	弹出的对话框各选项按图示选定。

齿廓导入	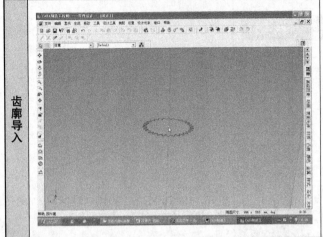	按【确定】按钮后齿轮齿廓如图所示。
齿廓输出参数	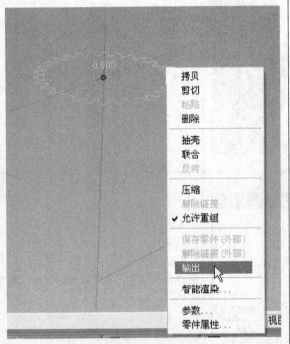	光标指向齿轮轮廓，单击左键，图形高亮显示，再单击右键，在快捷菜单中选择【输出】。
文件类型	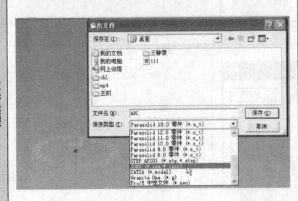	在【输出文件】对话框中，【保存类型】选择"IGES"，文件名可任意取，如"ABC"，按【保存】按钮。

齿廓导出	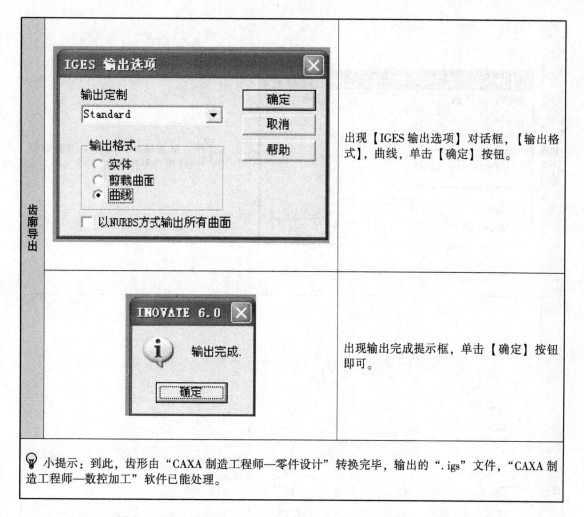 出现【IGES 输出选项】对话框，【输出格式】，曲线，单击【确定】按钮。
	出现输出完成提示框，单击【确定】按钮即可。

💡 小提示：到此，齿形由"CAXA 制造工程师—零件设计"转换完毕，输出的".igs"文件，"CAXA 制造工程师—数控加工"软件已能处理。

3. "CAXA 制造工程师—数控加工"软件读入齿轮齿形轮廓图，进行相应的造型处理。

齿廓导入	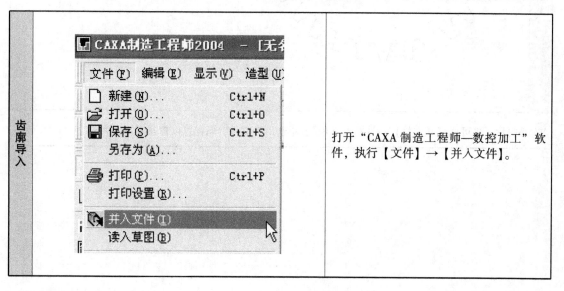 打开"CAXA 制造工程师—数控加工"软件，执行【文件】→【并入文件】。

齿廓导入	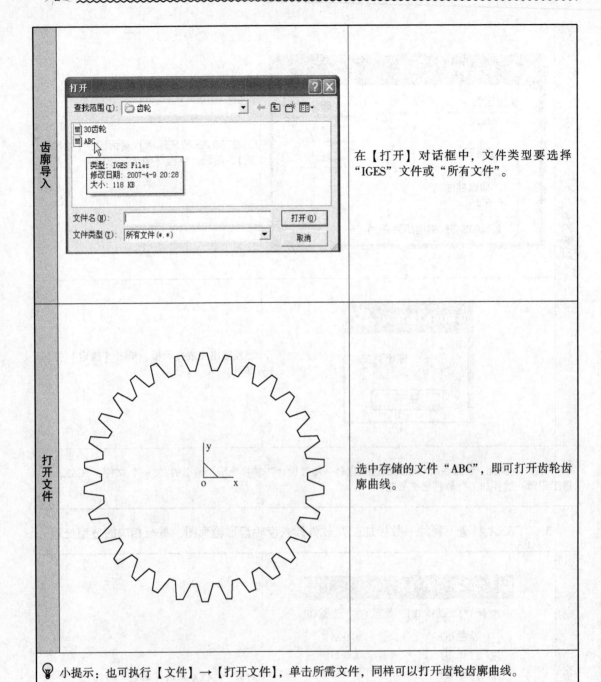	在【打开】对话框中，文件类型要选择"IGES"文件或"所有文件"。
打开文件		选中存储的文件"ABC"，即可打开齿轮齿廓曲线。

💡 小提示：也可执行【文件】→【打开文件】，单击所需文件，同样可以打开齿轮齿廓曲线。

绘制草图

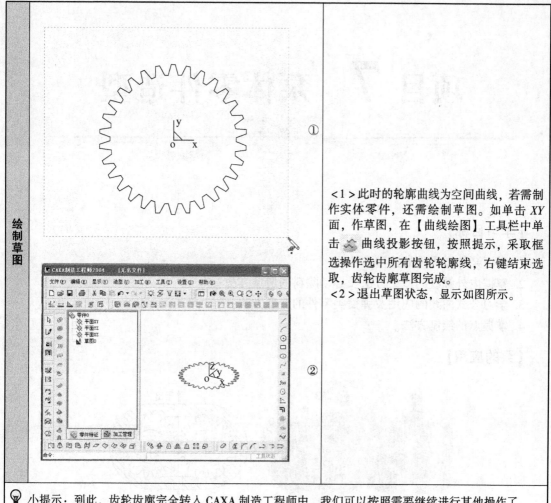

①

②

<1>此时的轮廓曲线为空间曲线，若需制作实体零件，还需绘制草图。如单击 *XY* 面，作草图，在【曲线绘图】工具栏中单击 曲线投影按钮，按照提示，采取框选操作选中所有齿轮轮廓线，右键结束选取，齿轮齿廓草图完成。

<2>退出草图状态，显示如图所示。

💡 **小提示**：到此，齿轮齿廓完全转入 CAXA 制造工程师中，我们可以按照需要继续进行其他操作了。

项目 7 泵体零件造型

【学习目标】

1. 学习泵体类零件的造型方法；
2. 掌握内外螺纹的造型方法及导动除料的造型方法；
3. 学习公式曲线的应用及弹簧类零件的造型方法；
4. 掌握点的绘制方法。

【泵的应用】

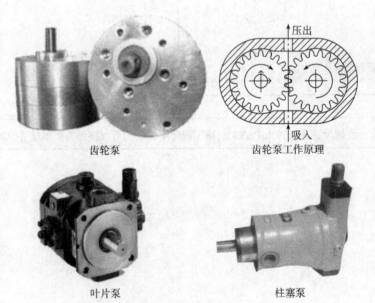

图 7 - 1 泵应用示例

泵是将原动机（如电动机、柴油机等）输出的机械能转换为液体压力能的能量转换装置。泵在生活、工业上应用非常广泛，如液压泵、水泵等。

泵的种类很多，常见的有齿轮泵、叶片泵、柱塞泵等（图 7 - 1），我们仅以齿轮泵为例，讲解其工作原理和泵体的造型方法。

齿轮泵的定义：齿轮泵由一对齿轮在一个密闭的泵体内进行啮合，由齿轮泵工作原理图可见，啮合使泵的下方产生负压，吸入液压油，而使泵的上方产生较大压力，将油从出油口压出，从而完成机械能到液压能的转化。

任务 1　泵体零件造型分析

内容：主要介绍并分析泵体造型特点。

造型特点分析

泵体和泵盖类的零件（图 7-2 和图 7-3），装配后要完成规定的工作，需要在其中装配齿轮、叶片等零件，一般包含许多大孔、盲孔以及螺纹孔等，造型主要应用的特征为拉伸除料、拉伸增料等。毛坯一般为压铸件，形状不一定规则，表面造型之后应该注意各棱角的过渡，以便更有真实感。

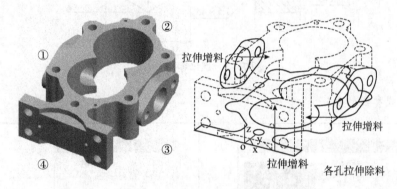

图 7-2　泵体主要特征造型分析

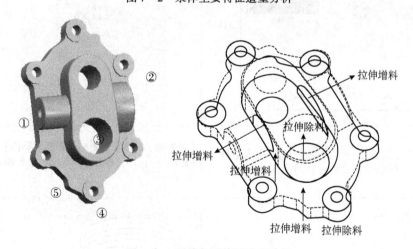

图 7-3　泵盖主要特征造型分析

任务 2　泵体零件造型主要相关命令学习

内容：主要介绍泵体零件造型所需要的各个相关指令及使用方法，包括【曲线生成】→【f(x)公式曲线】【点】／【特征生成】→【导动增料】【导动除料】。

螺纹的定义

螺纹连接与螺旋传动都是利用螺纹零件工作的。螺纹的牙型种类很多，有普通螺纹（包括粗牙螺纹和细牙螺纹）、矩形螺纹、梯形螺纹和锯齿形螺纹等。我们在造型时，可以利用螺旋线为"轨迹线"，螺纹的断面为"轮廓截面线"，进行【导动增料】或【导动除料】即可完成螺纹的造型。现以螺母造型（图7-4）为例讲述螺纹的具体造型方法。

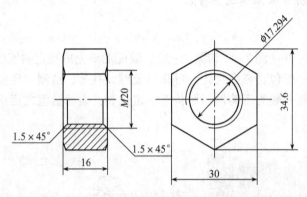

图7-4　螺母零件图

螺旋线参数的确定

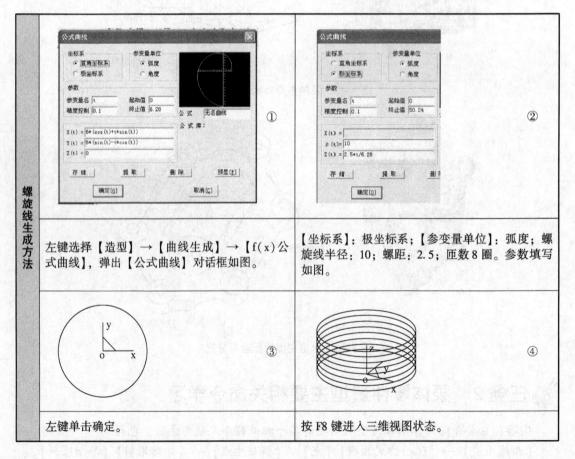

螺旋线生成方法	① 左键选择【造型】→【曲线生成】→【f(x)公式曲线】，弹出【公式曲线】对话框如图。	② 【坐标系】：极坐标系；【参变量单位】：弧度；螺旋线半径：10；螺距：2.5；匝数8圈。参数填写如图。
	③ 左键单击确定。	④ 按F8键进入三维视图状态。

内螺纹的造型方法

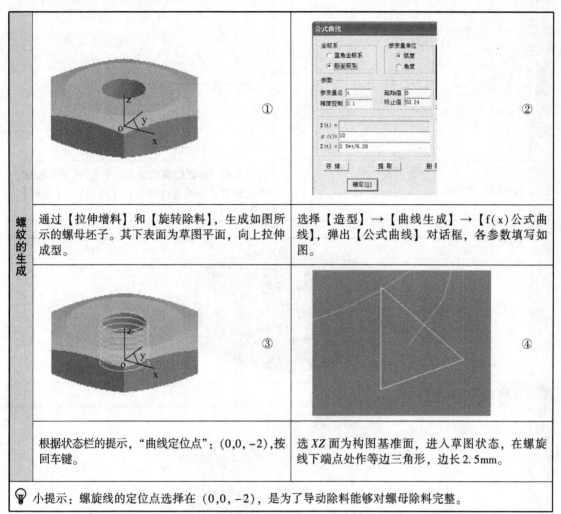

螺纹的生成	通过【拉伸增料】和【旋转除料】，生成如图所示的螺母坯子。其下表面为草图平面，向上拉伸成型。 ①	选择【造型】→【曲线生成】→【f(x)公式曲线】，弹出【公式曲线】对话框，各参数填写如图。 ②
	根据状态栏的提示，"曲线定位点"：(0,0,−2)，按回车键。 ③	选 *XZ* 面为构图基准面，进入草图状态，在螺旋线下端点处作等边三角形，边长 2.5mm。 ④

小提示：螺旋线的定位点选择在 (0,0,−2)，是为了导动除料能够对螺母除料完整。

轮廓线的绘制	按 F5 键，图形如图。 ⑤	三角形放大后，绘制中线如图，单击 ▪ 点按钮，在立即菜单中选择【批量点】→【等分点】，【段数】：8，拾取中线生成等分点，通过等分点画正交直线如图。 ⑥

轮廓线的绘制	⑦ 修剪后形状如图。	⑧ 将三角形平移到螺旋线端点。单击 平移按钮，在立即菜单中选择选项为：【两点】、【移动】、【非正交】。

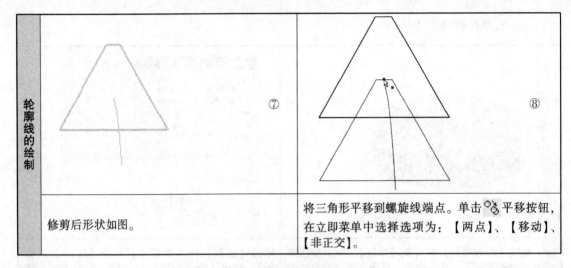

①

按 显示全部键和 F8 键。

②

导动除料

单击 导动除料按钮，导动参数。【选项控制】：固接导动；【轮廓截面线】：拾取三角形为轮廓线；【轨迹线】：单击螺旋线。按【确定】按钮后生成导动除料特征。

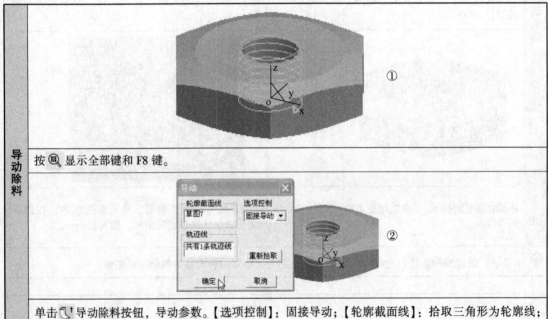

螺母造型

导动除料特征完成后，隐藏螺旋线，其造型如图所示。

💡 小提示：同样原理，可以利用螺旋线和【导动增料】的方式，进行外螺纹的造型。

任务 3　柴油机泵体造型训练

要求：按照下列图纸（图7-5），在软件中进行泵体的实体造型。

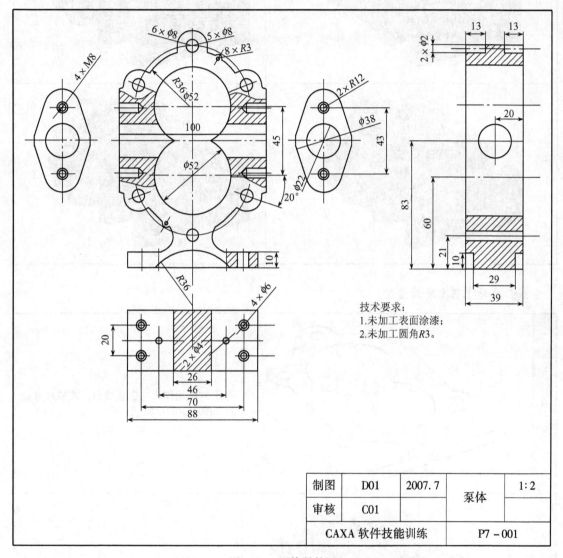

技术要求：
1.未加工表面涂漆；
2.未加工圆角R3。

制图	D01	2007.7	泵体	1：2
审核	C01			
CAXA 软件技能训练			P7-001	

图7-5　泵体零件图

造型方法示例

1. 图纸分析：经过阅读图纸，我们可以分析出泵体的构成如图7-5所示。

2. 泵体制作步骤与顺序。泵体的制作主要分为四个步骤，具体制作顺序是：

①基本轮廓造型→②双耳凸台造型→③定位销钉拉伸除料特征→④底面凹台特征及孔特征生成。

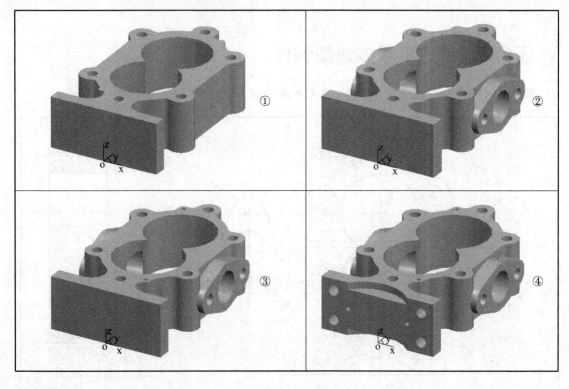

① ② ③ ④

📖 步骤①基本轮廓造型

A	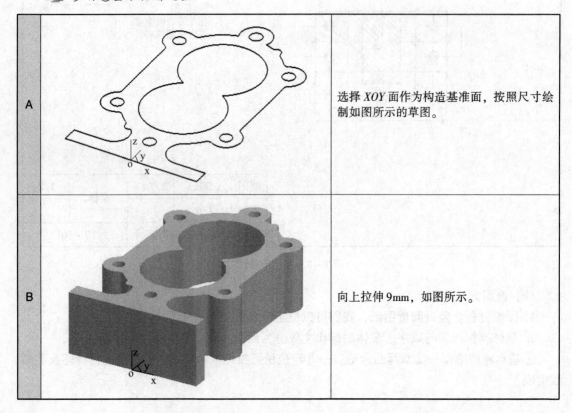	选择 *XOY* 面作为构造基准面，按照尺寸绘制如图所示的草图。
B		向上拉伸 9mm，如图所示。

步骤②双耳凸台造型

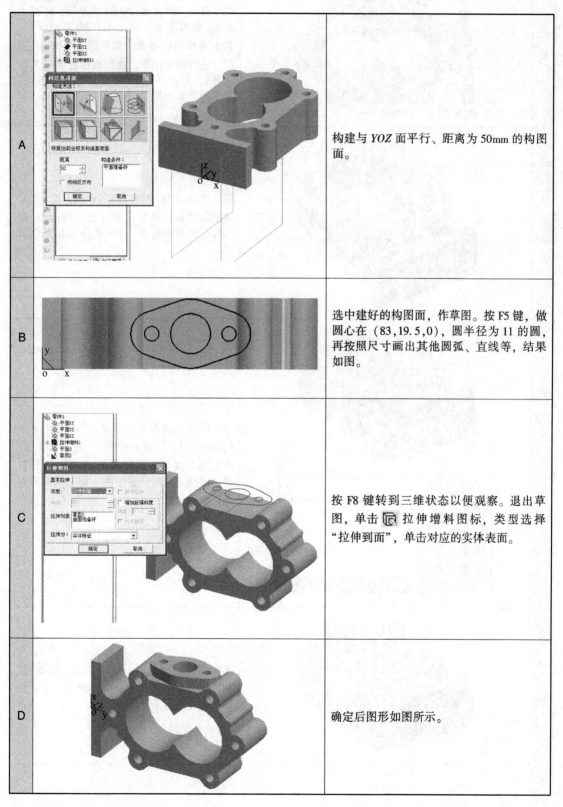

A		构建与 *YOZ* 面平行、距离为 50mm 的构图面。
B		选中建好的构图面，作草图。按 F5 键，做圆心在（83,19.5,0），圆半径为 11 的圆，再按照尺寸画出其他圆弧、直线等，结果如图。
C		按 F8 键转到三维状态以便观察。退出草图，单击 拉伸增料图标，类型选择"拉伸到面"，单击对应的实体表面。
D		确定后图形如图所示。

E	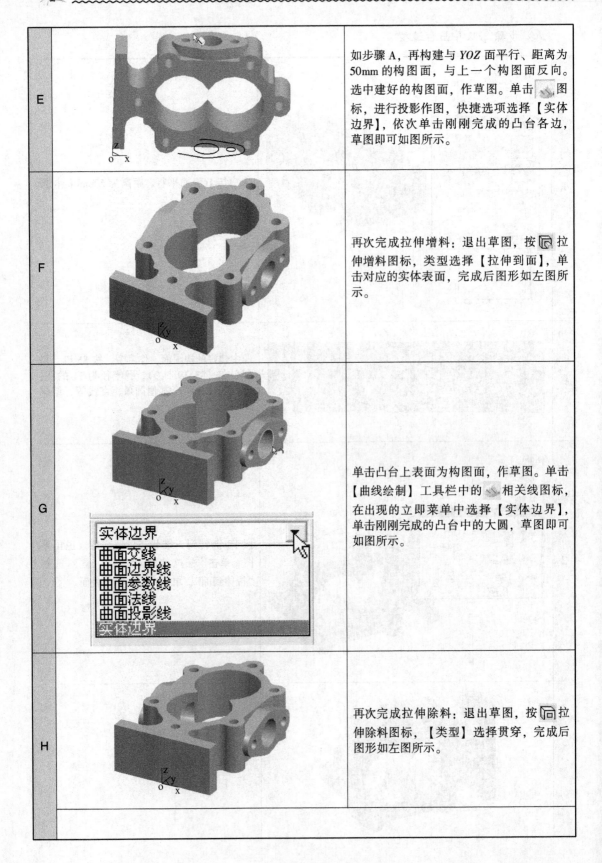	如步骤 A, 再构建与 *YOZ* 面平行、距离为 50mm 的构图面, 与上一个构图面反向。选中建好的构图面, 作草图。单击 图标, 进行投影作图, 快捷选项选择【实体边界】, 依次单击刚刚完成的凸台各边, 草图即可如图所示。
F		再次完成拉伸增料: 退出草图, 按 拉伸增料图标, 类型选择【拉伸到面】, 单击对应的实体表面, 完成后图形如左图所示。
G		单击凸台上表面为构图面, 作草图。单击【曲线绘制】工具栏中的 相关线图标, 在出现的立即菜单中选择【实体边界】, 单击刚刚完成的凸台中的大圆, 草图即可如图所示。
H		再次完成拉伸除料: 退出草图, 按 拉伸除料图标, 【类型】选择贯穿, 完成后图形如左图所示。

步骤③定位销钉拉伸除料特征

A	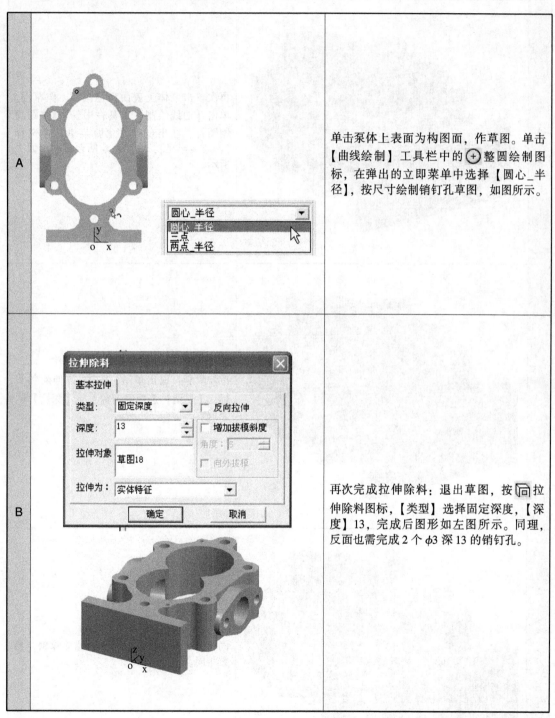	单击泵体上表面为构图面，作草图。单击【曲线绘制】工具栏中的 ⊕ 整圆绘制图标，在弹出的立即菜单中选择【圆心_半径】，按尺寸绘制销钉孔草图，如图所示。
B		再次完成拉伸除料：退出草图，按 ⬚ 拉伸除料图标，【类型】选择固定深度，【深度】13，完成后图形如左图所示。同理，反面也需完成 2 个 φ3 深 13 的销钉孔。

步骤④底面凹台特征及孔特征生成

A	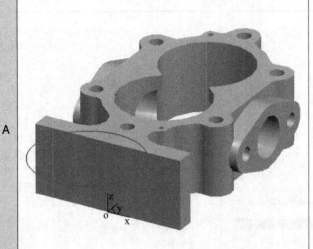	再次单击泵体上表面为构图面，作草图。单击【曲线绘制】工具栏中的 ⊕ 整圆绘制图标，在出现的【立即菜单】中选择【圆心 + 半径】，按尺寸绘凹台草图，如图所示。
B	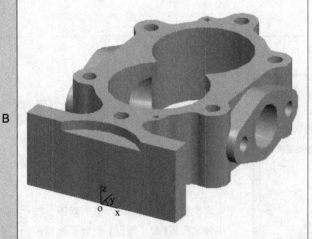	拉伸除料：退出草图，按 拉伸除料图标，【类型】选择固定深度，【深度】6，完成后图形如左图所示。
C	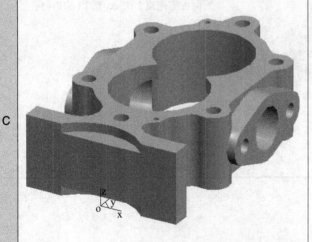	同理，背面也需进行凹台的拉伸除料，参数相同。

D	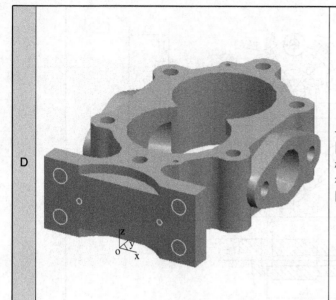	单击泵体下表面为构图面，作草图。单击【曲线绘制】工具栏中的 ⊕ 整圆绘制图标，在出现的立即菜单中选择【圆心_半径】，按尺寸绘制2个 φ4 销钉孔和4个 φ6 圆孔草图，如图所示。
E	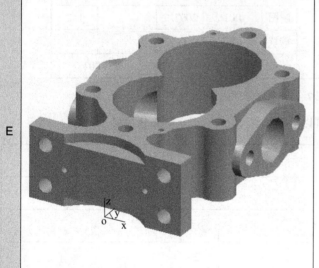	再次完成拉伸除料；退出草图，按 ⎙ 拉伸除料图标，【类型】选择固定深度，【深度】为13，完成后图形如左图所示。

💡 小提示：至此，泵体造型完毕。

🖲任务4　项目练习与总结

要求：按照下列图纸（图7-6），在软件中进行柴油机泵盖的实体造型练习，并总结相关知识点。

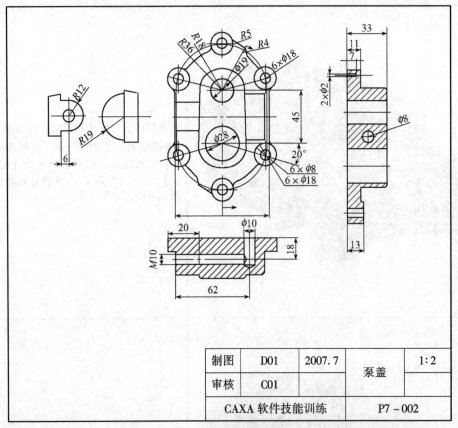

制图	D01	2007.7	泵盖	1:2
审核	C01			
CAXA 软件技能训练			P7 – 002	

图 7 – 6 泵盖零件图

图纸分析：经过阅读图纸，我们可以分析出泵盖是由以下几部分构成。

①	②
③	④
⑤	⑥
⑦	

泵盖制作步骤与顺序。泵盖的制作主要分为_____个步骤，具体制作顺序是：

① →	② →
③ →	④ →
⑤ →	⑥ →
⑦	

各个步骤中需要用到的造型方法是：

①	→	②	→
③	→	④	→
⑤	→	⑥	→
⑦		💡 小提示：造型完成后的实体，参看 图7-3泵盖。	

在电脑上完成图纸中给定的泵盖。

📖 **请问**：在本次造型中，共计绘制了_____张草图，进行了_____次_____操作，进行了_____次_____操作。

任务5　知识拓展

内容：主要说明弹簧的实体造型。

泵体和泵盖的造型，难点之一是螺纹的造型。

在任务4中，有一个 M12 螺纹孔，要求依照例子做出。

实际工作中，弹簧的绘制也会经常遇到。我们同样可以应用【f(x)公式曲线】中螺旋线的绘制，完成弹簧的造型。

ⓘ 弹簧实体造型

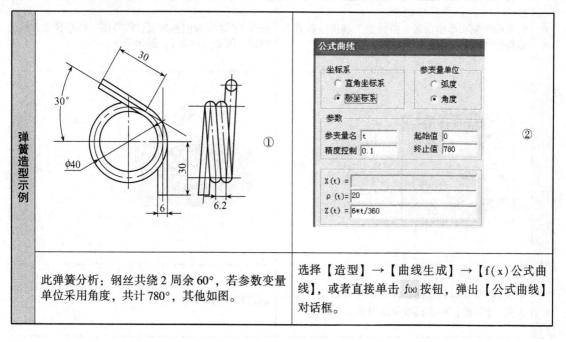

弹簧造型示例	此弹簧分析：钢丝共绕2周余60°，若参数变量单位采用角度，共计780°，其他如图。	选择【造型】→【曲线生成】→【f(x)公式曲线】，或者直接单击 f(x) 按钮，弹出【公式曲线】对话框。

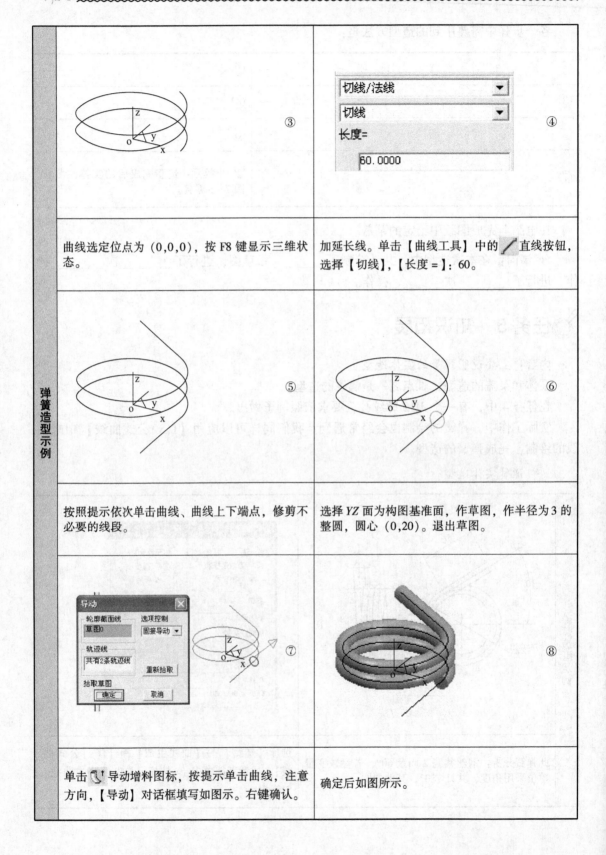

③

④

切线/法线　▼

切线　▼

长度 =

60.0000

曲线选定位点为 (0,0,0)，按 F8 键显示三维状态。

加延长线。单击【曲线工具】中的 ╱ 直线按钮，选择【切线】，【长度 = 】：60。

⑤

⑥

按照提示依次单击曲线、曲线上下端点，修剪不必要的线段。

选择 *YZ* 面为构图基准面，作草图，作半径为 3 的整圆，圆心 (0,20)。退出草图。

⑦

⑧

导动

轮廓截面线
草图0

选项控制
固接导动　▼

轨迹线
共有 2 条轨迹线

重新拾取

拾取草图

确定　取消

单击 导动增料图标，按提示单击曲线，注意方向，【导动】对话框填写如图示。右键确认。

确定后如图所示。

弹簧造型示例

弹簧造型示例	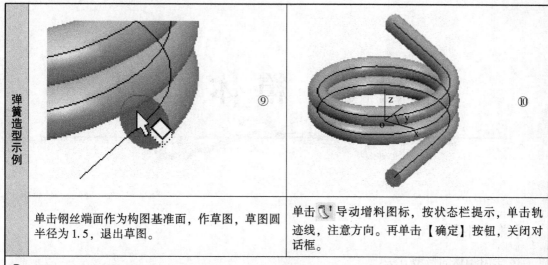
	单击钢丝端面作为构图基准面，作草图，草图圆半径为1.5，退出草图。⑨ 单击 导动增料图标，按状态栏提示，单击轨迹线，注意方向。再单击【确定】按钮，关闭对话框。⑩

💡 小提示：当由于面积太小等原因，不易选中所需图素时，如钢丝的端面，可将拾取过滤器中的选项按照我们的需要进行适当设置。

请按照弹簧的零件图结果进行弹簧的实体造型练习。

拓展练习	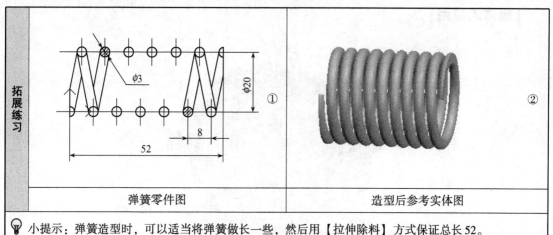
	弹簧零件图 造型后参考实体图

💡 小提示：弹簧造型时，可以适当将弹簧做长一些，然后用【拉伸除料】方式保证总长52。

项目 **8** 箱 体 造 型

【学习目标】

1. 学习箱体的造型方法；
2. 掌握抽壳的基本方法；
3. 掌握曲线投影、相关线的基本方法；
4. 掌握尺寸驱动的基本方法。

【箱体的应用】

图 8 - 1 箱体的应用

　　箱体的主要功能是包容、支撑、安装、固定部件中的其他零件，并作为部件的基础与机架相连。如图 8 - 1 所示箱体的内腔常用来安装轴、齿轮或者轴承等，所以两端均有装轴承盖及套的孔。箱体类零件在使用时经常要安装、合箱，所以箱体的座、盖上有许多安装孔、定位销孔、连接孔。为了合箱严密，箱体上还设有凸缘。由于箱体是空腔，所以其壁通常比较薄，为了增加箱体的刚度，一般都设有加强筋。由于形状复杂，箱体多为铸件，因此具有许多铸造工艺结构，如铸造圆角、拔模斜度等。

　　　　箱体的定义：箱体是用来支撑轴系零部件，是传动零件的基座，具有足够的强度和刚度，如图 8 - 2 减速器箱体应用实例所示，其箱体分为上箱盖和下箱体两部分，它们之间用螺栓连接成一体，同时其腔体可以加注润滑油、润滑齿轮等。

任务 1　箱体零件造型分析

内容：主要介绍并分析下箱体造型特点。

造型特点分析

减速器下箱体（图 8-2），一般由底座、空腔主体、凸缘、密封孔和固定孔组成，箱体造型可以通过草图的拉伸增料生成底座、主体、凸缘实体，通过抽壳生成主体空腔，通过打孔生成各类孔系的特征造型方法完成。

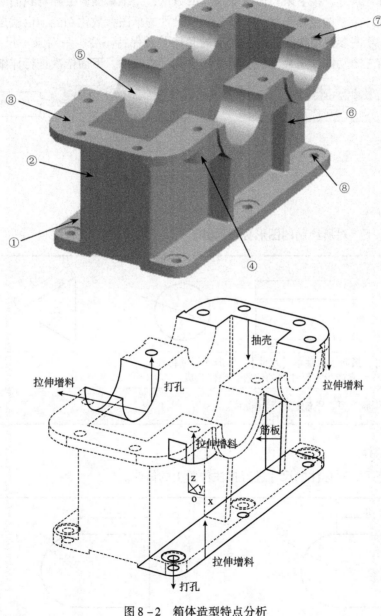

图 8-2　箱体造型特点分析

任务2　箱体零件造型主要相关命令学习

内容：主要介绍箱体造型所需要的各个相关指令及使用方法，包括【草图】/【尺寸】→【尺寸标注】【尺寸编辑】【尺寸驱动】/【特征生成】→【抽壳】。如果你已掌握上述内容，可直接转至任务3进行学习。

1. 草图中的尺寸驱动

在草图环境下，我们可以任意绘制曲线，大可不必考虑坐标和尺寸的约束。之后，我们对绘制的草图标注尺寸，接下来只需改变尺寸的数值，二维草图就会随着我们给定的尺寸值而变化，达到最终希望的精确形状，这就是零件设计的草图参数化功能，也就是尺寸驱动功能（图8-3）。草图参数化功能适用于图形的几何关系保持不变，只对某一尺寸进行修改。尺寸模块中共有三个功能：尺寸标注、尺寸编辑和尺寸驱动。下面依次进行详细介绍。

图8-3　【曲线工具】工具条

ⓘ **尺寸标注**

在草图状态下，对所绘制的图形标注尺寸。

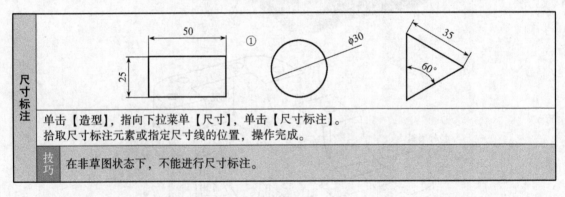

尺寸标注	单击【造型】，指向下拉菜单【尺寸】，单击【尺寸标注】。拾取尺寸标注元素或指定尺寸线的位置，操作完成。
	技巧 在非草图状态下，不能进行尺寸标注。

ⓘ **尺寸编辑**

在草图状态下，对标注的尺寸进行标注位置上的修改。

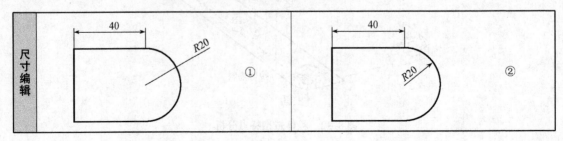

尺寸编辑	单击【造型】，指向下拉菜单【尺寸】，单击【尺寸编辑】，或者直接单击 ![](按钮。	拾取需要编辑的尺寸元素，修改尺寸线位置，尺寸编辑完成。
注意	在非草图状态下，不能进行尺寸编辑。	

尺寸驱动

尺寸驱动用于修改某一尺寸，而图形的几何关系保持不变。

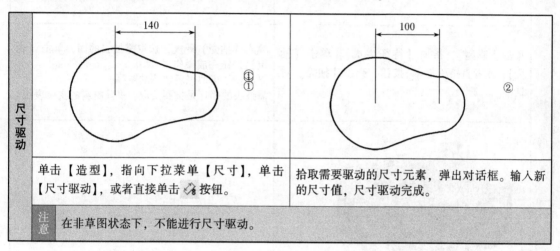

尺寸驱动	单击【造型】，指向下拉菜单【尺寸】，单击【尺寸驱动】，或者直接单击 ![](按钮。	拾取需要驱动的尺寸元素，弹出对话框。输入新的尺寸值，尺寸驱动完成。
注意	在非草图状态下，不能进行尺寸驱动。	

2. 特征生成

运用【特征工具】工具条（图8-4）的各项命令可以完成各种特征生成任务。本任务重点学习【抽壳】的造型方法。

图8-4　【特征工具】工具条

抽壳的定义：根据指定壳体的厚度将实心物体抽成内空的薄壳体。

抽壳的造型方法

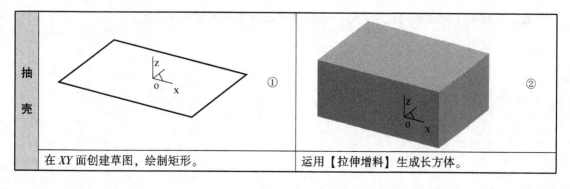

抽壳	在 XY 面创建草图，绘制矩形。	运用【拉伸增料】生成长方体。

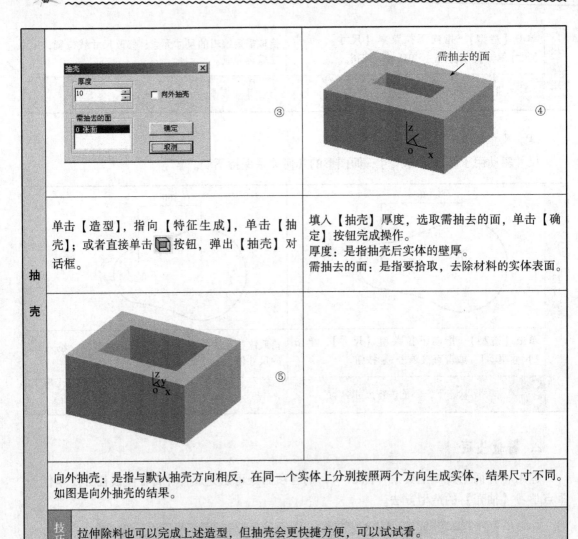

抽壳	单击【造型】，指向【特征生成】，单击【抽壳】；或者直接单击 按钮，弹出【抽壳】对话框。	填入【抽壳】厚度，选取需抽去的面，单击【确定】按钮完成操作。 厚度：是指抽壳后实体的壁厚。 需抽去的面：是指要拾取，去除材料的实体表面。

向外抽壳：是指与默认抽壳方向相反，在同一个实体上分别按照两个方向生成实体，结果尺寸不同。如图是向外抽壳的结果。

技巧	拉伸除料也可以完成上述造型，但抽壳会更快捷方便，可以试试看。

💡 小提示：抽壳厚度要大于零。

🍳任务3　下箱体造型训练

要求：按照下列图纸（图8-5），在软件中进行下箱体的实体造型。

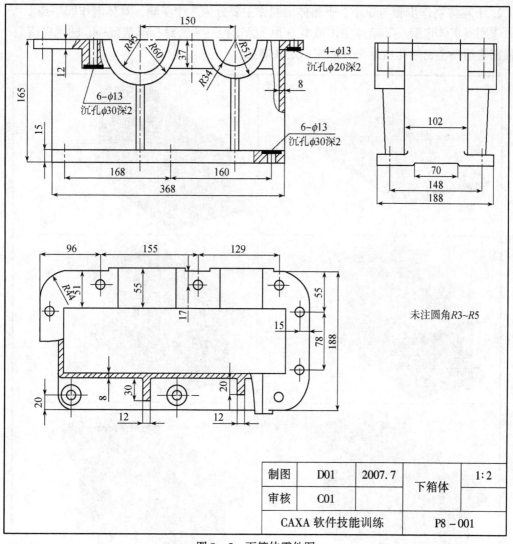

制图	D01	2007.7	下箱体	1:2
审核	C01			
CAXA 软件技能训练				P8－001

图8－5　下箱体零件图

🐾 **造型方法示例**

1. 图纸分析：经过阅读图纸，我们可以分析出下箱体的构成如图8－6所示。

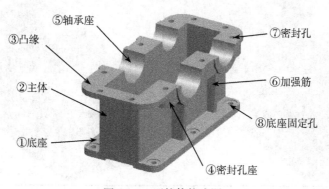

⑤轴承座　⑦密封孔　③凸缘　⑥加强筋　②主体　⑧底座固定孔　①底座　④密封孔座

图8－6　下箱体构成图

2. 下箱体制作步骤与顺序。下箱体的制作主要分为八个步骤，具体制作顺序是：

①底座实体造型→②箱体主体造型→③凸缘造型→④密封孔座造型→⑤轴承座造型→⑥加强筋造型→⑦密封孔造型→⑧底座固定孔造型。

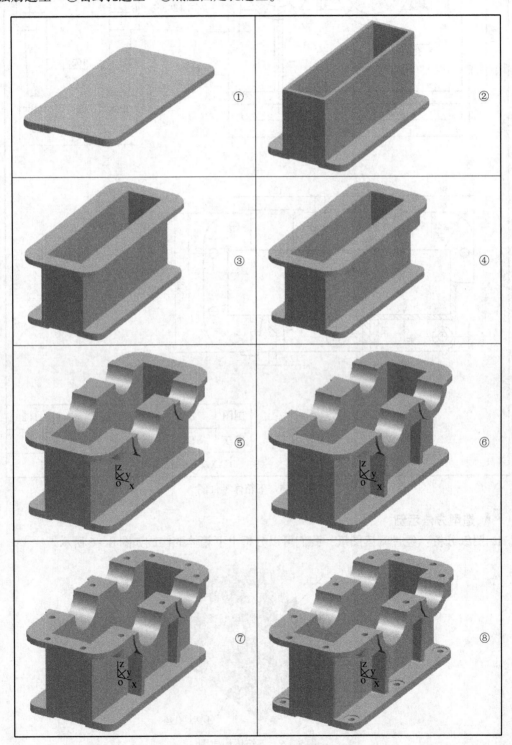

ⓘ 步骤①：底座实体造型

A	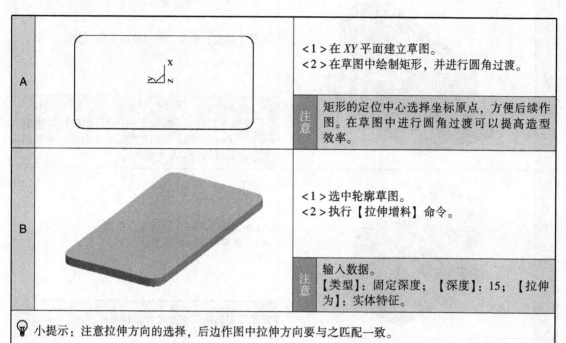	<1＞在 XY 平面建立草图。 <2＞在草图中绘制矩形，并进行圆角过渡。
		注意　矩形的定位中心选择坐标原点，方便后续作图。在草图中进行圆角过渡可以提高造型效率。
B		<1＞选中轮廓草图。 <2＞执行【拉伸增料】命令。
		注意　输入数据。 【类型】：固定深度；【深度】：15；【拉伸为】：实体特征。

💡 小提示：注意拉伸方向的选择，后边作图中拉伸方向要与之匹配一致。

ⓘ 步骤②：箱体主体造型

A	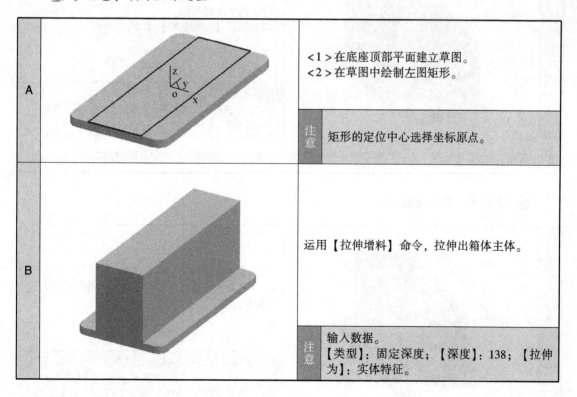	<1＞在底座顶部平面建立草图。 <2＞在草图中绘制左图矩形。
		注意　矩形的定位中心选择坐标原点。
B		运用【拉伸增料】命令，拉伸出箱体主体。
		注意　输入数据。 【类型】：固定深度；【深度】：138；【拉伸为】：实体特征。

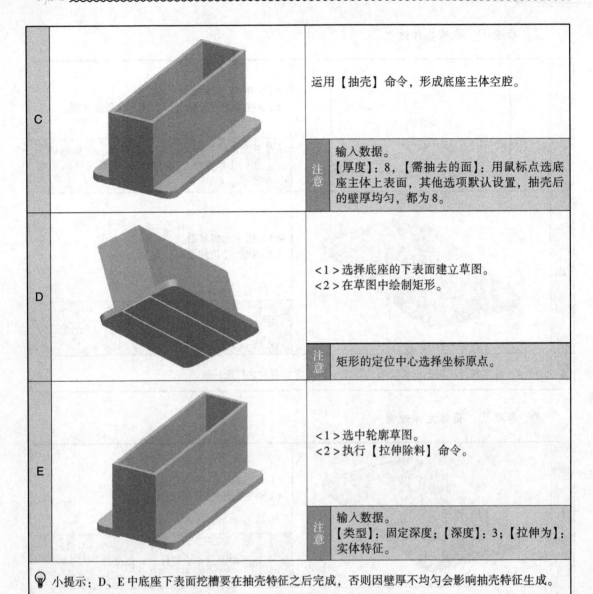

| C | | 运用【抽壳】命令，形成底座主体空腔。 |
| | | 注意 | 输入数据。
【厚度】：8，【需抽去的面】：用鼠标点选底座主体上表面，其他选项默认设置，抽壳后的壁厚均匀，都为8。 |

| D | | <1>选择底座的下表面建立草图。
<2>在草图中绘制矩形。 |
| | | 注意 | 矩形的定位中心选择坐标原点。 |

| E | | <1>选中轮廓草图。
<2>执行【拉伸除料】命令。 |
| | | 注意 | 输入数据。
【类型】：固定深度；【深度】：3；【拉伸为】：实体特征。 |

💡 小提示：D、E 中底座下表面挖槽要在抽壳特征之后完成，否则因壁厚不均匀会影响抽壳特征生成。

ℹ️ 步骤③：凸缘造型

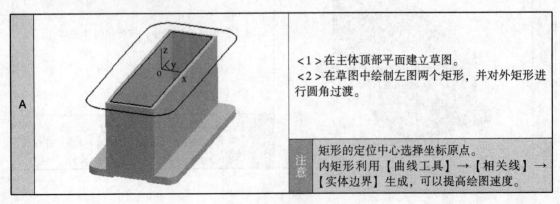

| A | | <1>在主体顶部平面建立草图。
<2>在草图中绘制左图两个矩形，并对外矩形进行圆角过渡。 |
| | | 注意 | 矩形的定位中心选择坐标原点。
内矩形利用【曲线工具】→【相关线】→【实体边界】生成，可以提高绘图速度。 |

| B | 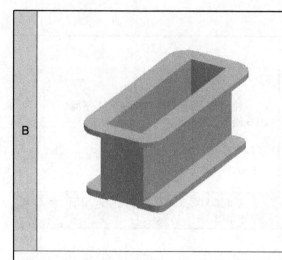 | 运用【拉伸增料】命令，拉伸出凸缘。 |
| | | 注意 | 输入数据。
【类型】：固定深度；【深度】：12；【拉伸为】：实体特征，拉伸方向要沿着使箱体增高的方向，否则箱体的总高度会减小。 |

💡 小提示：草图中的内矩形也可以采用【矩形】命令生成，要准确计算矩形的长、宽的尺寸。

ℹ️ 步骤④：密封孔座造型

A	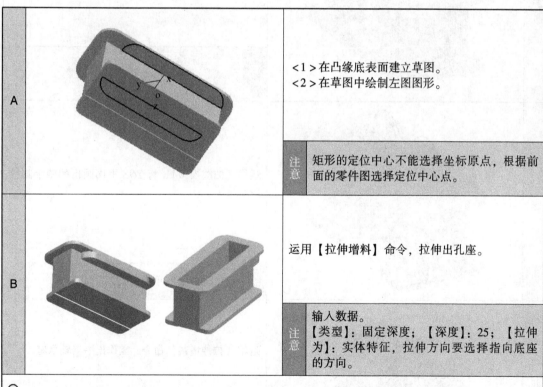	<1> 在凸缘底表面建立草图。 <2> 在草图中绘制左图图形。
		注意	矩形的定位中心不能选择坐标原点，根据前面的零件图选择定位中心点。
B		运用【拉伸增料】命令，拉伸出孔座。
		注意	输入数据。 【类型】：固定深度；【深度】：25；【拉伸为】：实体特征，拉伸方向要选择指向底座的方向。

💡 小提示：如果无法拉伸增料，可先进入编辑草图状态，检查草图环是否封闭，之后再操作。

步骤⑤：轴承座造型

A		<1> 使用 F6 键将零件切换到 *YOZ* 平面。 <2> 绘制左图图形。
		注意：这里在 *YOZ* 平面绘制的是空间图形，不要创建草图。
B		选择箱体一侧内壁创建草图。
		注意：注意草图构建平面选择一定要正确。
C		运用【曲线投影】，将 *YOZ* 平面画出的四个圆投影到草图中。
		注意：运用投影命令可以提高绘图效率。
D		运用【拉伸增料】命令，制作出一侧轴承座。
		注意：输入数据。 【类型】：固定深度；【深度】：55；【拉伸为】：实体特征，拉伸方向要选择指向箱体外侧。

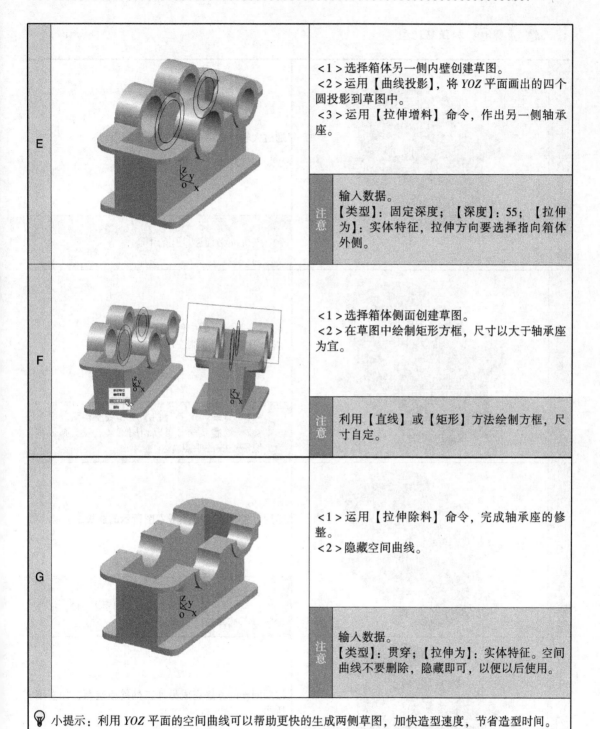

E		<1>选择箱体另一侧内壁创建草图。 <2>运用【曲线投影】，将 *YOZ* 平面画出的四个圆投影到草图中。 <3>运用【拉伸增料】命令，作出另一侧轴承座。
	注意	输入数据。 【类型】：固定深度；【深度】：55；【拉伸为】：实体特征，拉伸方向要选择指向箱体外侧。
F		<1>选择箱体侧面创建草图。 <2>在草图中绘制矩形方框，尺寸以大于轴承座为宜。
	注意	利用【直线】或【矩形】方法绘制方框，尺寸自定。
G		<1>运用【拉伸除料】命令，完成轴承座的修整。 <2>隐藏空间曲线。
	注意	输入数据。 【类型】：贯穿；【拉伸为】：实体特征。空间曲线不要删除，隐藏即可，以便以后使用。

💡 小提示：利用 *YOZ* 平面的空间曲线可以帮助更快的生成两侧草图，加快造型速度，节省造型时间。

步骤⑥：加强筋造型

A		通过大轴承座的中心构造基准平面。
		注意 基准面必须通过孔的中心。
B		<1>在基准平面中创建草图。 <2>在草图中绘制左图直线。
		注意 <1>直线一定要与轴承座和底座相交。 <2>绘制直线时可以利用工具点捕捉圆弧和底座边线的中点。
C		运用【筋板】命令生成左图所示的筋板。
		注意 筋板特征。 【筋板厚度】：双向加厚；【厚度】：12，加厚方向选择指向箱体内部。
D		按照同样的方法完成另外三处筋板造型，如左图所示。
		注意 本软件不支持实体镜像，因此四处筋板都要单独造型完成。

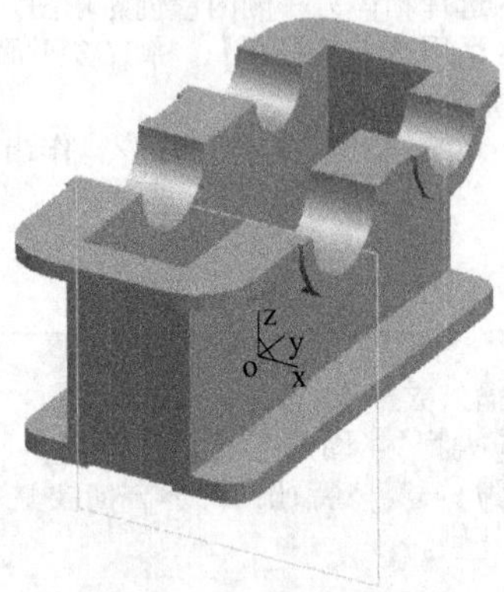

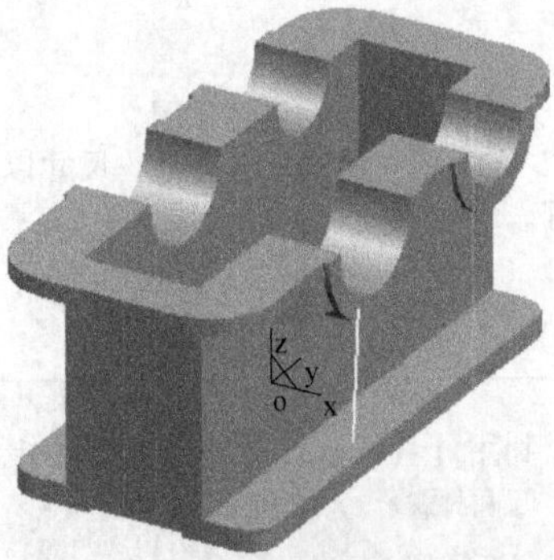

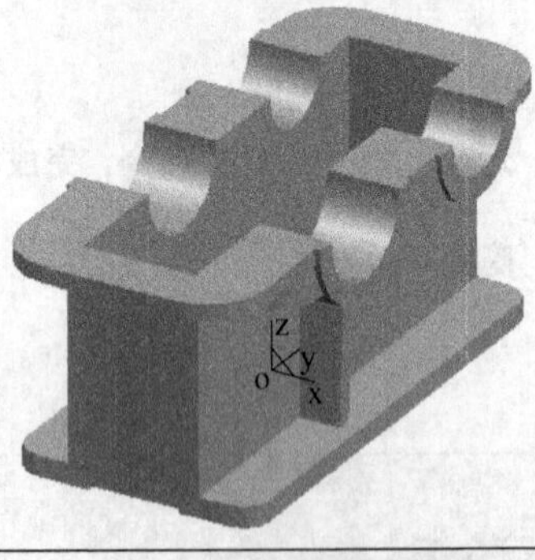

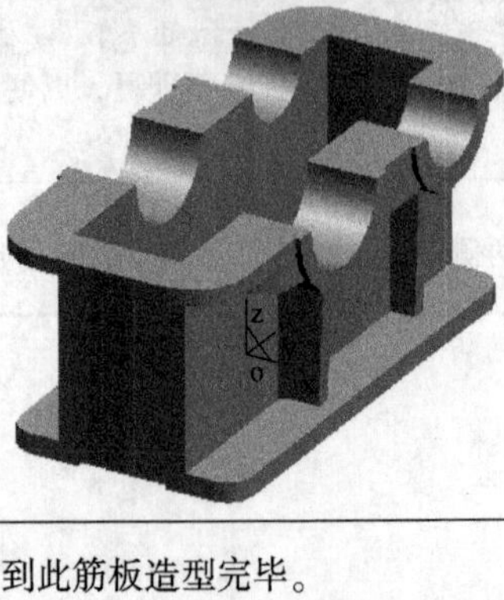

小提示：到此筋板造型完毕。

ⓘ 步骤⑦：密封孔造型

A		选择密封孔座底面进行打孔。
		注意 孔的定位尺寸及孔间距根据工程图确定，孔的参数如下。 【直径】：13；【深度】：通孔；【沉孔大径】：30；【沉孔深度】：2。
B		通过【线性阵列】完成另一侧密封孔的造型。 输入如下参数。 【第一方向】：选择凸缘短边；【阵列对象】：选择三个密封孔；【距离】：152；【数目】：2。 【第二方向】：选择凸缘长边；【阵列对象】：选择三个密封孔；【距离】：152；【数目】：1。 【阵列模式】：单个阵列。
		注意 第二方向中距离只要不为零即可，数目必须为1。
C		选择凸缘底面进行打孔。
		注意 孔的定位尺寸根据工程图确定，孔的参数如下。 【直径】：13；【深度】：通孔；【沉孔大径】：20；【沉孔深度】：2。
D		运用【线性阵列】完成凸缘上其他孔的造型。 输入如下参数。 【第一方向】：选择凸缘短边；【阵列对象】：选择上一步孔；【距离】：78；【数目】：2。 【第二方向】：选择凸缘长边；【阵列对象】：选择上一步孔；【距离】：398；【数目】：2。 【阵列模式】：单个阵列。
		注意 注意方向与距离的选择要匹配。

💡 小提示：到此密封孔造型完毕。

步骤⑧：底座固定孔造型

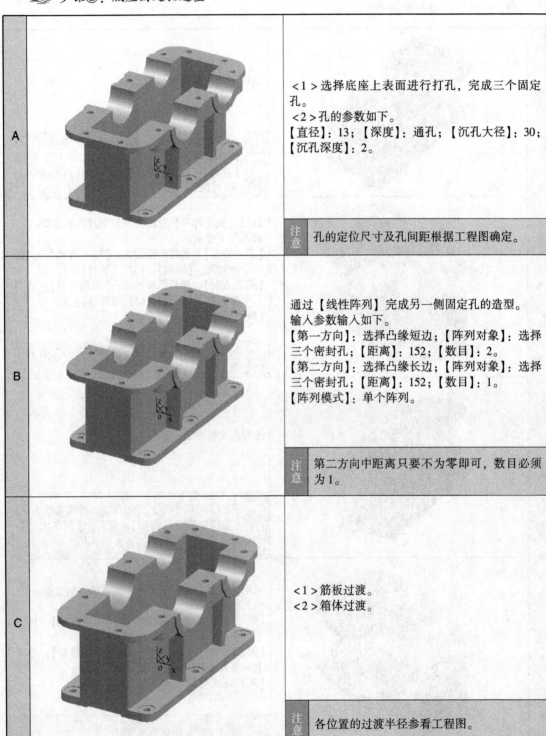

A

<1>选择底座上表面进行打孔，完成三个固定孔。
<2>孔的参数如下。
【直径】：13；【深度】：通孔；【沉孔大径】：30；
【沉孔深度】：2。

注意　孔的定位尺寸及孔间距根据工程图确定。

B

通过【线性阵列】完成另一侧固定孔的造型。
输入参数输入如下。
【第一方向】：选择凸缘短边；【阵列对象】：选择三个密封孔；【距离】：152；【数目】：2。
【第二方向】：选择凸缘长边；【阵列对象】：选择三个密封孔；【距离】：152；【数目】：1。
【阵列模式】：单个阵列。

注意　第二方向中距离只要不为零即可，数目必须为1。

C

<1>筋板过渡。
<2>箱体过渡。

注意　各位置的过渡半径参看工程图。

💡 小提示：到此箱体造型完毕。

任务 4　项目练习与总结

要求：按照下列图纸（图 8-7），在软件中进行箱盖的实体造型练习，并总结相关知识点。

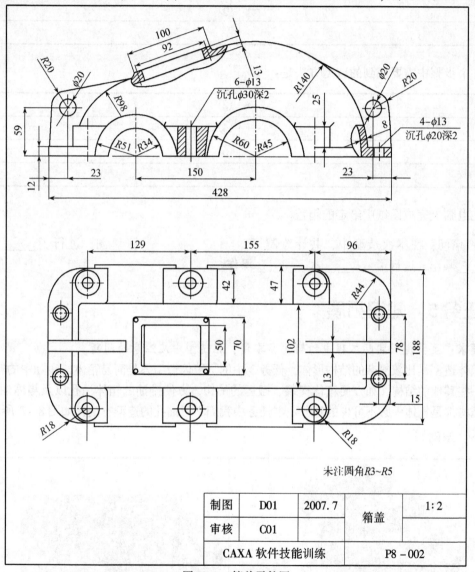

图 8-7　箱盖零件图

图纸分析：经过阅读图纸，我们可以分析出箱盖由以下几部分构成。

①	②
③	④
⑤	⑥
⑦	

箱盖制作步骤与顺序。箱盖的制作主要分为_____个步骤，具体制作顺序是：

①	→	②	→
③	→	④	→
⑤	→	⑥	→
⑦			

各个步骤中需要用到的造型方法是：

①	→	②	→
③	→	④	→
⑤	→	⑥	→
⑦			

在电脑上完成图纸中给定的箱盖。

请问：在本次造型中，共计绘制了_____张草图，进行了_____次_____操作，进行了_____次_____操作。

任务5　知识拓展

要求：主要说明实际工程中的箱体类零件，在造型中应注意的问题。

箱体造型是比较复杂的结构形体，任务3中的下箱体造型只是简易箱体，实际中的箱体还会有一些其他的结构，如方便箱体安装、搬运的吊钩，方便排油的箱体油孔以及箱体油标等，这些结构都是箱体中必不可少的部分。本任务中我们学习油孔的造型方法，如图 8-8 所示。

示例

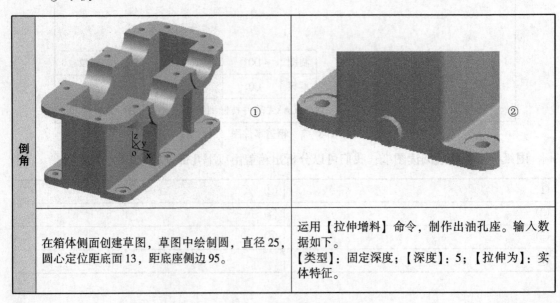

倒角	在箱体侧面创建草图，草图中绘制圆，直径25，圆心定位距底面13，距底座侧边95。	运用【拉伸增料】命令，制作出油孔座。输入数据如下。【类型】：固定深度；【深度】：5；【拉伸为】：实体特征。

倒角	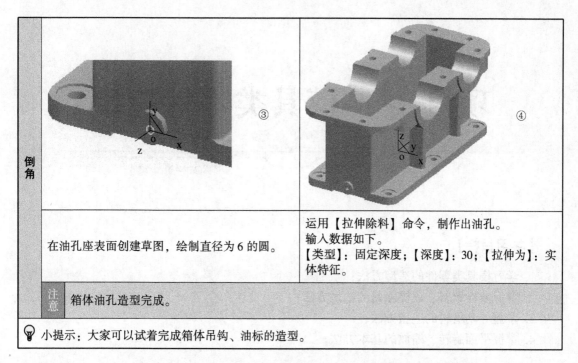 ③ ④
	在油孔座表面创建草图，绘制直径为6的圆。	运用【拉伸除料】命令，制作出油孔。 输入数据如下。 【类型】：固定深度；【深度】：30；【拉伸为】：实体特征。

注意	箱体油孔造型完成。

💡 小提示：大家可以试着完成箱体吊钩、油标的造型。

在任务3完成的下箱体上按照图8-8所示结果进行吊钩和油标造型练习。

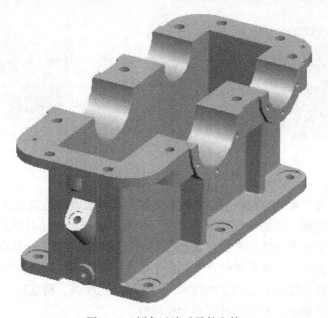

图8-8　倒角过渡后零件实体

📖 **请问**：在本次造型中，共计生成了_____个草图，进行了_____次特征操作。

项目 **9**　模具类零件造型

【学习目标】

1. 学习模具类零件的造型方法；
2. 掌握放样增料、放样除料的造型方法；
3. 掌握导动增料的造型方法；
4. 掌握平面旋转、缩放的基本方法。

【模具类零件的应用】

图 9-1　模具类零件应用示例

　　模具是生产各种工业产品的重要工艺装备，随着塑料工业的迅速发展以及塑料制品在航空、航天、电子、机械、船舶和汽车等工业部门的推广应用，产品对模具的要求越来越高，传统的模具设计方法已无法适应产品更新换代和提高质量的要求。计算机辅助工程（CAE）技术已成为塑料产品开发、模具设计及产品加工中这些薄弱环节的最有效的工具。模具生产中均采用了可靠性设计以及 CAD/CAM 技术，开发新品速度快、精度高，质量较有保证，还在降低成本、减轻劳动强度等方面具有很大优越性。

　　🛞 **模具的定义**：模具是在冲裁、成型冲压、模锻、冷镦、挤压、粉末冶金件压制、压力铸造及工程塑料、橡胶、陶瓷等制品的压塑或注塑的成型加工中，用以在外力作用下使坯料成为有特定形状和尺寸的制件的工具。

　　模具具有特定的轮廓或内腔形状，具有刃口的轮廓形状可以使坯料按轮廓线形状发生分离，即进行冲裁；内腔形状可以使坯料获得相应的立体形状。模具的应用极为广泛，大量生产的机电产品，如汽车、自行车、缝纫机、照相机、电机、电器、仪表以及日用器具的制造都大量应用模具。

任务1 模具零件造型分析

内容: 主要介绍并分析旋钮型腔模造型特点。

造型特点分析

旋钮型腔模由五个部分组成,如图9-2所示,包括底座、定位柱、花形腔、凹面和旋向标。在造型中运用了拉伸、放样、旋转、导动等多种造型方法,是特征造型的综合应用实例。相信通过这类零件的造型学习,大家能更好的理解造型方法,更熟练的掌握本软件的操作。

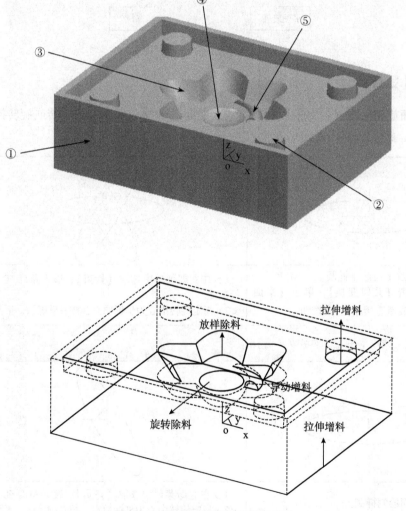

图9-2 旋钮型腔模造型特点分析

任务2   旋钮型腔模造型主要相关命令学习

内容：主要介绍旋钮型腔模造型所需要的各个相关指令及使用方法，包括

【曲线生成】→【样条曲线】【曲线隐藏】/【几何变换】→【平面旋转】【缩放】/【特征生成】→【放样除料】【导动增料】。如果你已掌握上述内容，可直接转至任务3进行学习。

运用【几何变换】工具条（图9-3）的各项命令可以完成各种线面的变换操作。本任务重点学习【平面旋转】和【缩放】的变换方法。

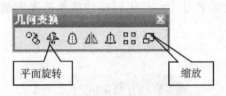

图9-3　【几何变换】工具条

1. 几何变换

平面旋转的定义：对拾取到的曲线或曲面进行同一平面上的旋转或旋转拷贝。

平面旋转的操作方法

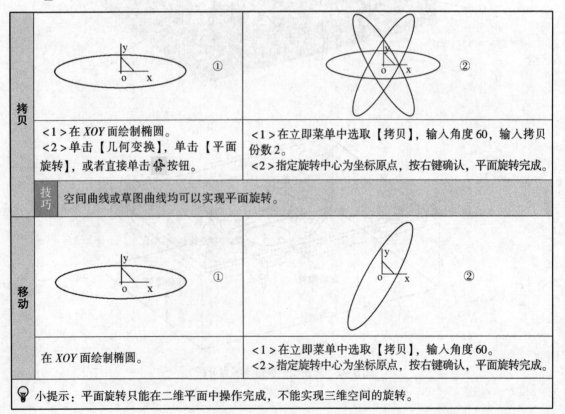

拷贝	<1>在 XOY 面绘制椭圆。 <2>单击【几何变换】，单击【平面旋转】，或者直接单击 按钮。	<1>在立即菜单中选取【拷贝】，输入角度60，输入拷贝份数2。 <2>指定旋转中心为坐标原点，按右键确认，平面旋转完成。
技巧	空间曲线或草图曲线均可以实现平面旋转。	
移动	在 XOY 面绘制椭圆。	<1>在立即菜单中选取【拷贝】，输入角度60。 <2>指定旋转中心为坐标原点，按右键确认，平面旋转完成。

小提示：平面旋转只能在二维平面中操作完成，不能实现三维空间的旋转。

缩放的定义：对拾取到的曲线或曲面进行按比例放大或缩小。

缩放的操作方法

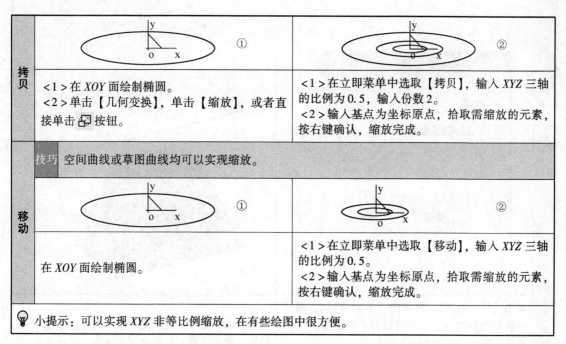

拷贝	①	②
	<1＞在 XOY 面绘制椭圆。 <2＞单击【几何变换】，单击【缩放】，或者直接单击 ⊡ 按钮。	<1＞在立即菜单中选取【拷贝】，输入 XYZ 三轴的比例为 0.5，输入份数 2。 <2＞输入基点为坐标原点，拾取需缩放的元素，按右键确认，缩放完成。

技巧　空间曲线或草图曲线均可以实现缩放。

移动	①	②
	在 XOY 面绘制椭圆。	<1＞在立即菜单中选取【移动】，输入 XYZ 三轴的比例为 0.5。 <2＞输入基点为坐标原点，拾取需缩放的元素，按右键确认，缩放完成。

小提示：可以实现 XYZ 非等比例缩放，在有些绘图中很方便。

2. 特 征 生 成

运用【特征工具】工具条（图 9-4）的各项命令可以完成各种特征生成任务。本任务重点学习【放样增料】、【放样除料】、【导动增料】、【导动除料】的造型方法。

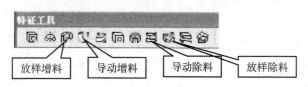

图 9-4　【特征工具】工具条

放样增料的定义：根据多个截面线轮廓生成一个实体。截面线应为草图轮廓。

放样增料的造型方法

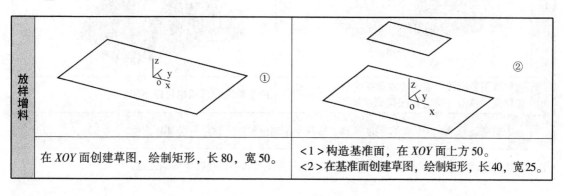

放样增料	①	②
	在 XOY 面创建草图，绘制矩形，长 80，宽 50。	<1＞构造基准面，在 XOY 面上方 50。 <2＞在基准面创建草图，绘制矩形，长 40，宽 25。

技巧	矩形中心定位在坐标原点。	

放样增料

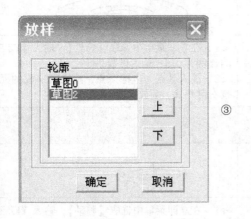

③

单击【特征生成】，再指向【放样增料】，或者直接单击 按钮，弹出【放样】对话框。
轮廓：是指对需要放样的草图。
上和下：是指调节拾取草图的顺序。

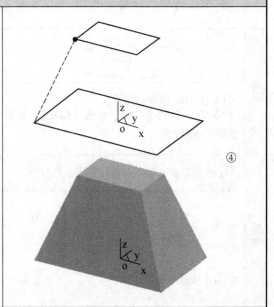

④

选取草图轮廓线，依次选取草图的对应边的对应位置，单击【确定】按钮完成操作。

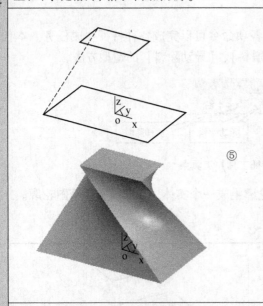

⑤

选取草图轮廓线，依次选取草图的对应边的非对应位置，单击【确定】按钮完成操作。

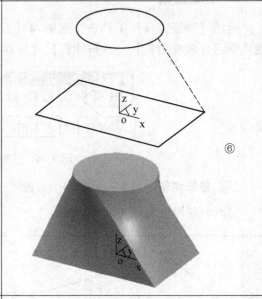

⑥

两个草图的形状也可以不同。

技巧	轮廓按照操作中的拾取顺序排列。拾取草图的位置影响放样后的实体形状。

💡 小提示：放样中草图的拾取位置决定着放样后的实体形状，选择时要多加注意。

🌀 **放样除料的定义**：根据多个截面线轮廓移出一个实体。截面线应为草图轮廓。

ℹ️ **放样除料的造型方法**

<table>
<tr><td rowspan="7">放样除料</td><td colspan="2">

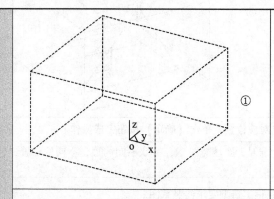　①

运用【拉伸增料】生成长 100，宽 100，高 60 的长方体。

</td><td colspan="2">

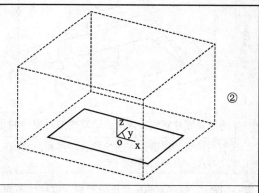　②

在 XOY 面创建草图，绘制矩形，长 80，宽 50。

</td></tr>
</table>

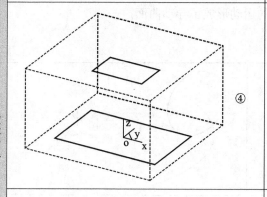　④ <1>构造基准面，在 XOY 面上方 50。 <2>在基准面创建草图，绘制矩形，长 40，宽 25。	**放样** 轮廓 草图2 草图1 　上 　下 确定　取消　④ 单击【特征生成】，再指向【放样除料】，或者直接单击 ▤ 按钮，弹出【放样】对话框。 轮廓：是指对需要放样的草图。 上和下：是指调节拾取草图的顺序。

技巧　矩形中心定位在坐标原点。

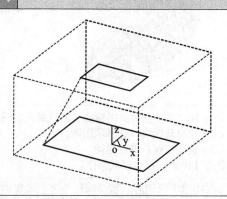　⑤

选取草图轮廓线，依次选取草图的对应边的对应位置，单击【确定】按钮完成操作。

放样除料	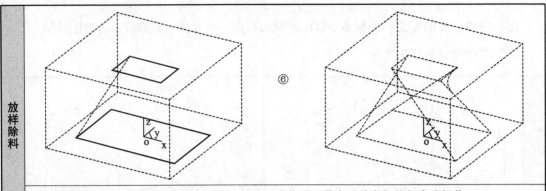 ⑥

选取草图轮廓线，依次选取草图的对应边的非对应位置，单击【确定】按钮完成操作。

技巧 | 轮廓按照操作中的拾取顺序排列。拾取轮廓时，要注意指示，拾取不同的边，不同的位置，会产生不同的结果。

💡 小提示：放样草图形状可以相同，也可以不同。根据造型要求绘制草图。

🌀 **导动增料的定义**：将某一截面曲线或轮廓线沿着另外一条轨迹线运动生成一个特征实体。截面线应为封闭的草图轮廓，截面线的运动形成了导动曲面。

ℹ️ 导动增料的造型方法

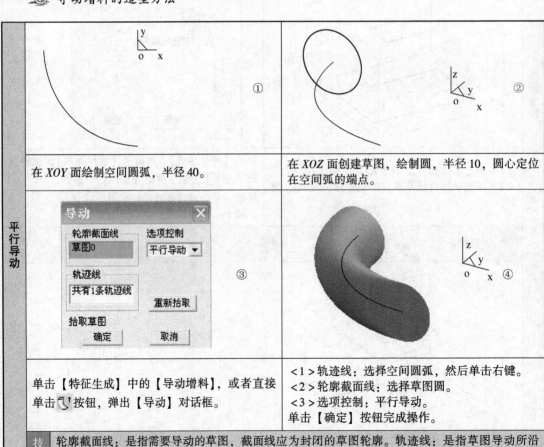

	①
	②
在 *XOY* 面绘制空间圆弧，半径 40。	在 *XOZ* 面创建草图，绘制圆，半径 10，圆心定位在空间弧的端点。
平行导动	③ ④
单击【特征生成】中的【导动增料】，或者直接单击 🗘 按钮，弹出【导动】对话框。	<1>轨迹线：选择空间圆弧，然后单击右键。 <2>轮廓截面线：选择草图圆。 <3>选项控制：平行导动。 单击【确定】按钮完成操作。

技巧 | 轮廓截面线：是指需要导动的草图，截面线应为封闭的草图轮廓。轨迹线：是指草图导动所沿的路径，是空间曲线。

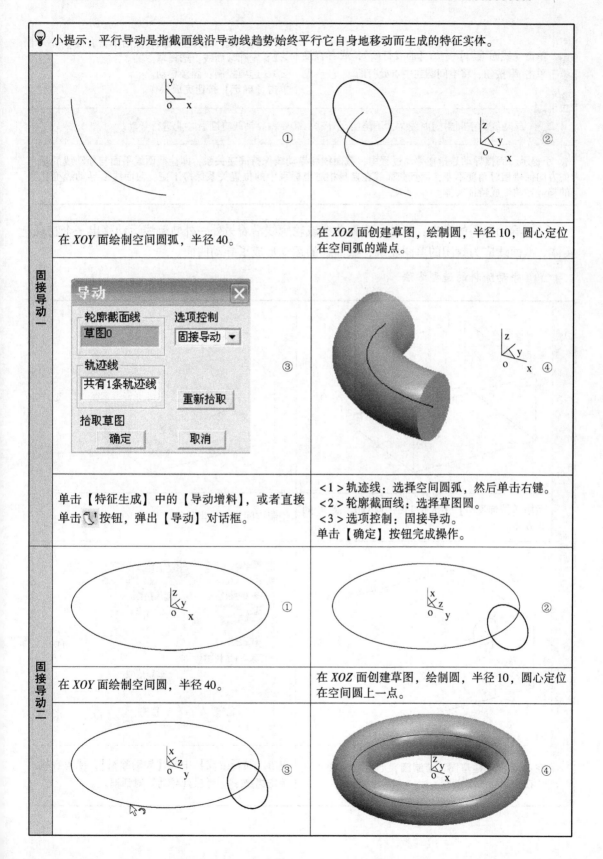

小提示：平行导动是指截面线沿导动线趋势始终平行它自身地移动而生成的特征实体。

固接导动一

①	②
在 *XOY* 面绘制空间圆弧，半径 40。	在 *XOZ* 面创建草图，绘制圆，半径 10，圆心定位在空间弧的端点。
③	④
单击【特征生成】中的【导动增料】，或者直接单击 按钮，弹出【导动】对话框。	<1>轨迹线：选择空间圆弧，然后单击右键。 <2>轮廓截面线：选择草图圆。 <3>选项控制：固接导动。 单击【确定】按钮完成操作。

固接导动二

①	②
在 *XOY* 面绘制空间圆，半径 40。	在 *XOZ* 面创建草图，绘制圆，半径 10，圆心定位在空间圆上一点。
③	④

固接导动二	单击【线面编辑】中的【曲线打断】，或者直接单击 ✍ 按钮，将空间圆在中点处打断。	<1>轨迹线：选择空间圆，然后单击右键。 <2>轮廓截面线：选择草图圆。 <3>选项控制：固接导动。 单击【确定】按钮完成操作。
	技巧 导动线为空间封闭曲线时，不能实现导动，需要将导动线打断后才能进行导动。	

💡 **小提示**：固接导动是指在导动过程中，截面线和导动线保持固接关系，即让截面线平面与导动线的切矢方向保持相对角度不变，而且截面线在自身相对坐标系中的位置关系保持不变，截面线沿导动线变化的趋势导动生成特征实体。

🛰 **导动除料的定义**：将某一截面曲线或轮廓线沿着另外一外轨迹线运动移出一个特征实体。截面线应为封闭的草图轮廓，截面线的运动形成了导动曲面。

① **导动除料的造型方法**

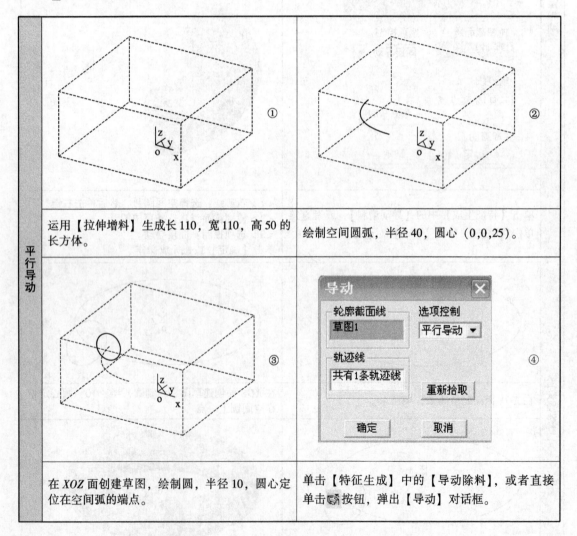

平行导动	运用【拉伸增料】生成长110，宽110，高50的长方体。	绘制空间圆弧，半径40，圆心（0,0,25）。
	在 *XOZ* 面创建草图，绘制圆，半径10，圆心定位在空间弧的端点。	单击【特征生成】中的【导动除料】，或者直接单击 按钮，弹出【导动】对话框。

平行导动	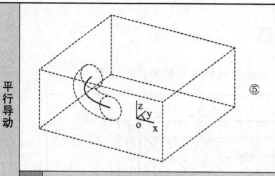 ⑤	<1>轨迹线：选择空间圆弧，然后单击右键。 <2>轮廓截面线：选择草图圆。 <3>选项控制：平行导动。 单击【确定】按钮完成操作。

技巧　导动轮廓如果超出基体，导动会失败，因此在操作中多加注意。

💡 小提示：可以利用 F5，F6，F7 快捷键变换显示平面，以便检查导动轮廓是否超出基体。

固接导动	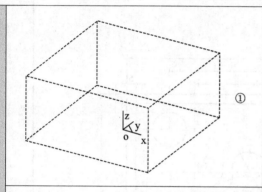 ①	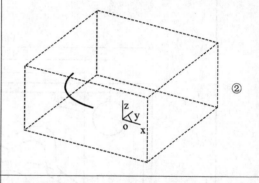 ②
	运用【拉伸增料】生成长 110，宽 110，高 50 的长方体。	绘制空间圆弧，半径 40，圆心（0,0,25）。
	 ③	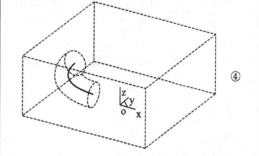 ④
	单击【特征生成】中的【导动除料】，或者直接单击 按钮，弹出【导动】对话框。	<1>轨迹线：选择空间圆弧，然后单击右键。 <2>轮廓截面线：选择草图圆。 <3>选项控制：固接导动。 单击【确定】按钮完成操作。

技巧　导动除料中导动线也不要使用空间封闭曲线，如果是空间封闭曲线需要打断后再进行导动。

💡 小提示：无论是导动增料还是导动除料，导动线的方向选择要根据实际情况恰当选择，以免造型出错。

任务3　旋钮型腔模造型训练

要求：按照下列图纸（图9-5），在软件中进行旋钮型腔模的实体造型。

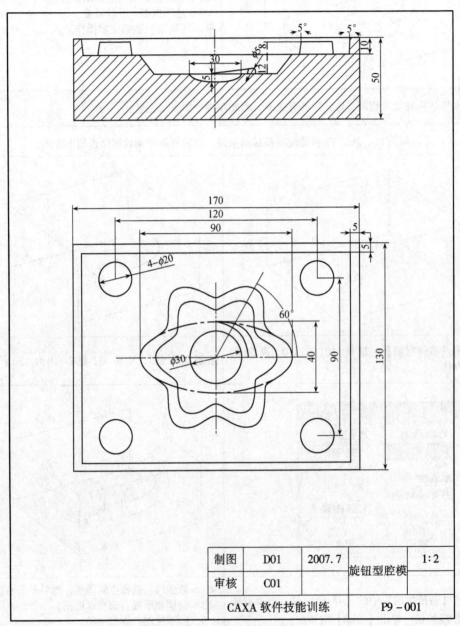

制图	D01	2007.7	旋钮型腔模	1:2
审核	C01			
CAXA 软件技能训练			P9-001	

图9-5　旋钮型腔模图

🖐 造型方法示例

1. 图纸分析：经过阅读图纸，我们可以分析出旋钮型腔模的构成如图9-6所示。

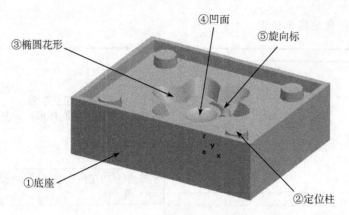

图9-6　旋钮型腔模构成图

2. 旋钮型腔模制作步骤与顺序。旋钮型腔模的制作主要分为五个步骤，具体制作顺序是：

①底座实体造型→②定位柱造型→③椭圆花形造型→④凹面造型→⑤旋向标造型。

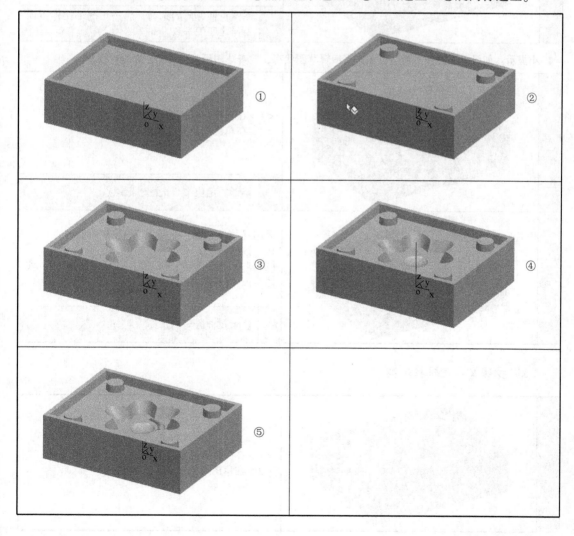

步骤①：底座实体造型

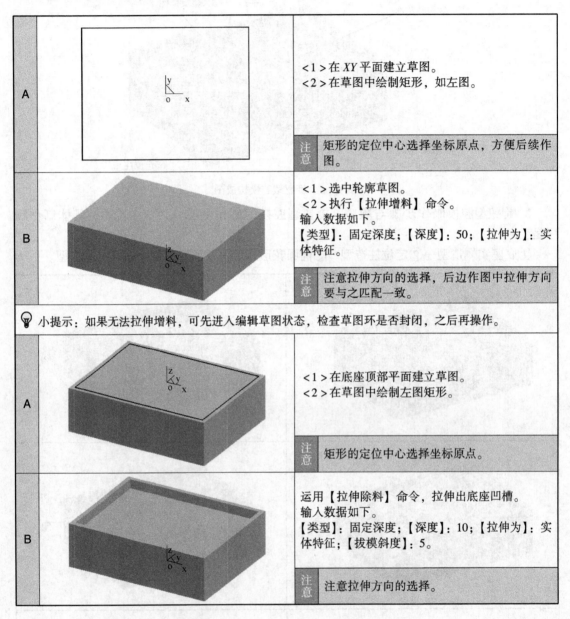

A		<1>在 XY 平面建立草图。 <2>在草图中绘制矩形，如左图。
	注意	矩形的定位中心选择坐标原点，方便后续作图。
B		<1>选中轮廓草图。 <2>执行【拉伸增料】命令。 输入数据如下。 【类型】：固定深度；【深度】：50；【拉伸为】：实体特征。
	注意	注意拉伸方向的选择，后边作图中拉伸方向要与之匹配一致。

💡 小提示：如果无法拉伸增料，可先进入编辑草图状态，检查草图环是否封闭，之后再操作。

A		<1>在底座顶部平面建立草图。 <2>在草图中绘制左图矩形。
	注意	矩形的定位中心选择坐标原点。
B		运用【拉伸除料】命令，拉伸出底座凹槽。 输入数据如下。 【类型】：固定深度；【深度】：10；【拉伸为】：实体特征；【拔模斜度】：5。
	注意	注意拉伸方向的选择。

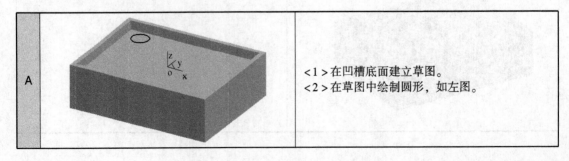 步骤②：定位柱造型

A		<1>在凹槽底面建立草图。 <2>在草图中绘制圆形，如左图。

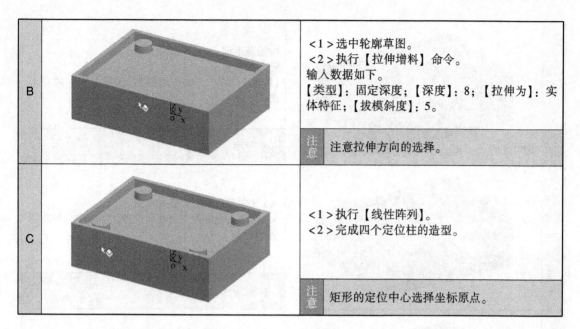

B	<1>选中轮廓草图。 <2>执行【拉伸增料】命令。 输入数据如下。 【类型】：固定深度；【深度】：8；【拉伸为】：实体特征；【拔模斜度】：5。
	注意　注意拉伸方向的选择。
C	<1>执行【线性阵列】。 <2>完成四个定位柱的造型。
	注意　矩形的定位中心选择坐标原点。

步骤③：椭圆花形造型

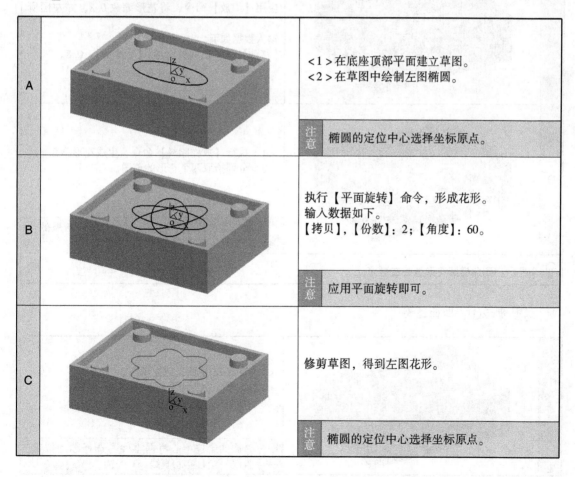

A	<1>在底座顶部平面建立草图。 <2>在草图中绘制左图椭圆。
	注意　椭圆的定位中心选择坐标原点。
B	执行【平面旋转】命令，形成花形。 输入数据如下。 【拷贝】，【份数】：2；【角度】：60。
	注意　应用平面旋转即可。
C	修剪草图，得到左图花形。
	注意　椭圆的定位中心选择坐标原点。

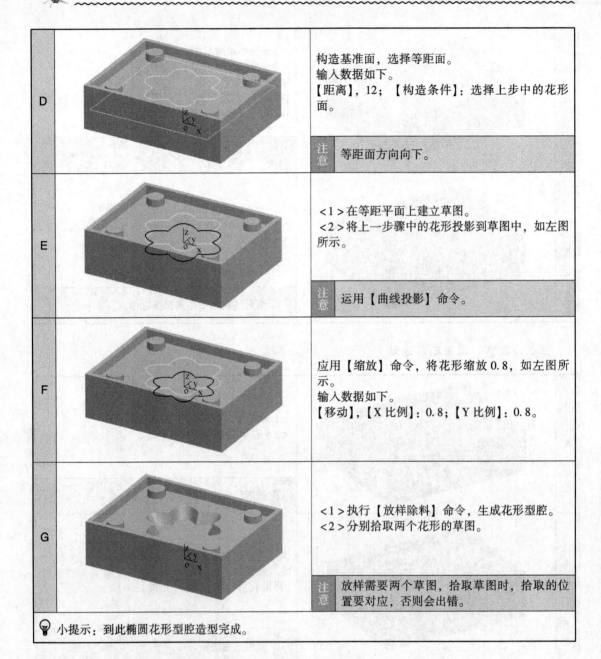

D		构造基准面，选择等距面。 输入数据如下。 【距离】，12；【构造条件】：选择上步中的花形面。
		注意 等距面方向向下。
E		<1> 在等距平面上建立草图。 <2> 将上一步骤中的花形投影到草图中，如左图所示。
		注意 运用【曲线投影】命令。
F		应用【缩放】命令，将花形缩放 0.8，如左图所示。 输入数据如下。 【移动】，【X 比例】：0.8；【Y 比例】：0.8。
G		<1> 执行【放样除料】命令，生成花形型腔。 <2> 分别拾取两个花形的草图。
		注意 放样需要两个草图，拾取草图时，拾取的位置要对应，否则会出错。

💡 小提示：到此椭圆花形型腔造型完成。

ℹ️ 步骤④：凹面造型

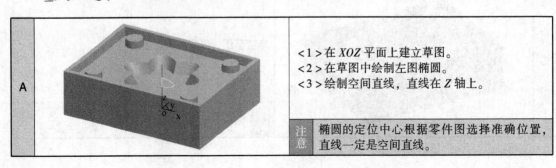

A		<1> 在 XOZ 平面上建立草图。 <2> 在草图中绘制左图椭圆。 <3> 绘制空间直线，直线在 Z 轴上。
		注意 椭圆的定位中心根据零件图选择准确位置，直线一定是空间直线。

B	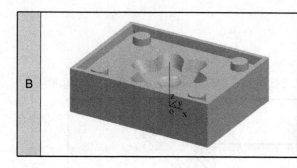	执行【旋转除料】命令，生成凹面。 输入数据如下。 【类型】，单向旋转；【角度】：360。
		注意　轴线选择空间直线，草图选择椭圆。

步骤⑤：旋向标造型

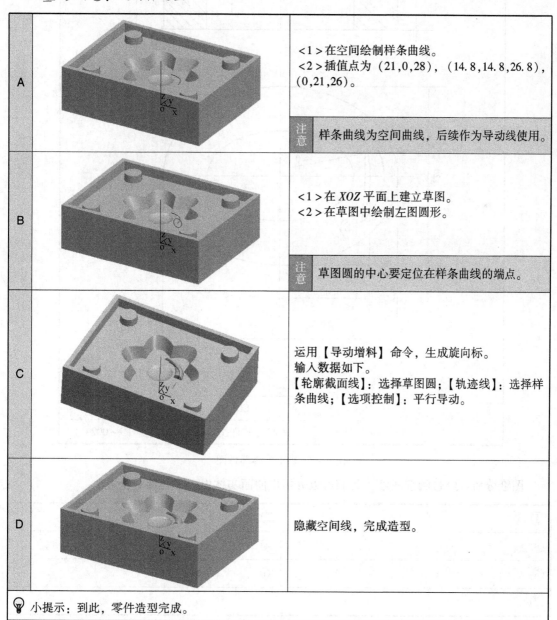

A		<1> 在空间绘制样条曲线。 <2> 插值点为 (21,0,28)，(14.8,14.8,26.8)，(0,21,26)。
		注意　样条曲线为空间曲线，后续作为导动线使用。
B		<1> 在 *XOZ* 平面上建立草图。 <2> 在草图中绘制左图圆形。
		注意　草图圆的中心要定位在样条曲线的端点。
C		运用【导动增料】命令，生成旋向标。 输入数据如下。 【轮廓截面线】：选择草图圆；【轨迹线】：选择样条曲线；【选项控制】：平行导动。
D		隐藏空间线，完成造型。

小提示：到此，零件造型完成。

任务 4　项目练习与总结

要求：按照下列图纸（图 9-7），在软件中进行曲面实体造型练习，并总结相关知识点。

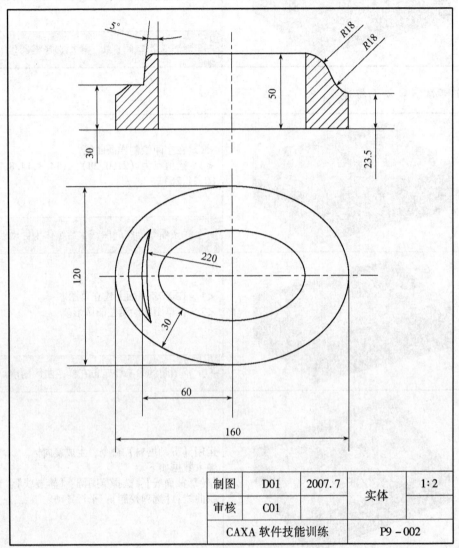

制图	D01	2007.7	实体	1:2
审核	C01			
CAXA 软件技能训练			P9-002	

图 9-7　曲面实体零件图

图纸分析：经过阅读图纸，我们可以分析出曲面实体由以下几部分构成。

①	②
③	④
⑤	⑥
⑦	

曲面实体制作步骤与顺序。曲面实体的制作主要分为＿＿＿＿＿＿＿＿个步骤，具体制作顺序是：

①	→	②	→
③	→	④	→
⑤	→	⑥	→
⑦			

各个步骤中需要用到的造型方法是：

①	→	②	→
③	→	④	→
⑤	→	⑥	→
⑦			

在电脑上完成图纸中给定的曲面实体。

请问：在本次造型中，共计绘制了＿＿＿＿＿＿＿＿张草图，进行了＿＿＿＿＿次＿＿＿＿＿＿操作，进行了＿＿＿＿＿次＿＿＿＿＿操作。

任务 5　知识拓展

要求：主要说明实际工程中的模具类零件，在造型中应注意的问题。

在实际生产中经常会遇到整体型腔模，型腔模即以零件为型腔生成包围此零件的模具，在此我们学习型腔模的生成方法。

示例

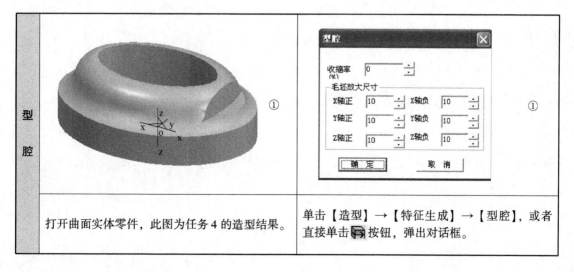

型腔	①	①
	打开曲面实体零件，此图为任务 4 的造型结果。	单击【造型】→【特征生成】→【型腔】，或者直接单击 [按钮，弹出对话框。

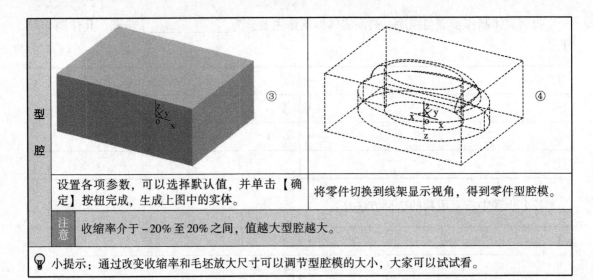

| 型腔 | 设置各项参数，可以选择默认值，并单击【确定】按钮完成，生成上图中的实体。 | 将零件切换到线架显示视角，得到零件型腔模。 |

| 注意 | 收缩率介于 -20% 至 20% 之间，值越大型腔越大。 |

💡 小提示：通过改变收缩率和毛坯放大尺寸可以调节型腔模的大小，大家可以试试看。

在任务 3 完成的旋钮上按照图 9 - 8 结果进行整体型腔模的操作练习。

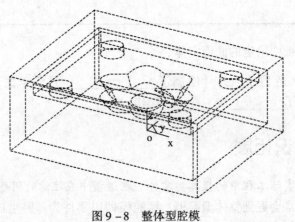

图 9 - 8　整体型腔模

📖 请问：在本次操作中，收缩率为＿＿＿＿＿＿＿＿，毛坯放大尺寸为＿＿＿＿。

项目 10 自由形状建模

【学习目标】

1. 学习自由曲面类零件的造型方法；
2. 掌握曲线生成、曲线裁剪的基本方法；
3. 掌握曲面生成、曲面裁剪的基本方法。

【自由形状的应用】

图 10 - 1　茶壶应用示例

在三维建模过程中，不但要创建简单的实体模型，很多时候还要创建像螺旋桨这样的复杂曲面形状的实体。因此我们需要借助于"自由形状"来实现。

　自由形状的定义：自由形状指的是片体，是由一个或多个曲面组成的、厚度为零的几何体。片体创建实体的方法主要有曲面造型，曲面编辑等，这部分的内容平时接触较少，建议在学习之前先熟悉相关的操作命令，以便更轻松的运用片体创建模型。

任务 1　自由形状建模造型分析

内容：主要介绍茶壶的特点与造型方法。

造型特点分析

自由形状建模造型选取的茶壶，是由实体造型与曲面造型相结合完成的，实现了体造型与面造型的完美融合，充分训练了软件的应用能力。

茶壶的各部分造型特点如图 10 – 2 所示。

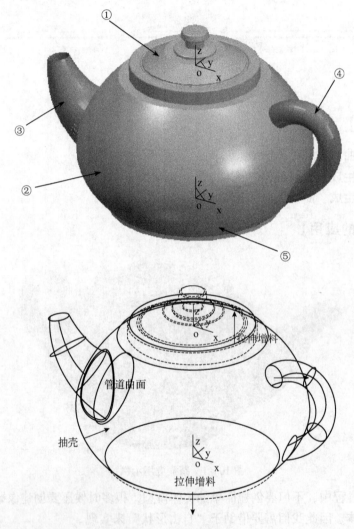

图 10 – 2　茶壶造型特点分析

任务 2　自由形状建模造型主要相关命令学习

内容：主要介绍茶壶造型所需要的各个相关指令及使用方法，包括

【曲线生成】→【样条线】/【曲线编辑】/【曲面生成】→【导动面】/【曲面编辑】→【删除】【裁剪】/【特征生成】→【曲面裁剪除料】。如果你已掌握上述内容，可直接转至任务 3 进行学习。

1. 曲线生成

运用【曲线工具】工具条（图 10 – 3）的各项命令可以完成各种曲线生成任务。本任务重点学习【样条线】绘制方法和【相关线】中【实体边界】的绘制方法。

图 10 – 3　【曲线工具】工具条

i 样条线绘制方法

样条线是图形构成的基本要素。样条线功能是生成过给定顶点（样条插值点）的样条曲线。点的输入可由鼠标输入或由键盘输入。本项目介绍逼近和插值的绘制方法。

（1）逼近：顺序输入一系列点，系统根据给定的精度生成拟合这些点的光滑样条曲线。用逼近方式拟合一批点，生成的样条曲线品质比较好，适用于数据点比较多且排列不规则的情况。

（2）插值：顺序输入一系列点，系统将顺序通过这些点生成一条光滑的样条曲线。通过设置立即菜单，可以控制生成样条的端点切矢，使其满足一定的相切条件，也可以生成一条封闭的样条曲线。

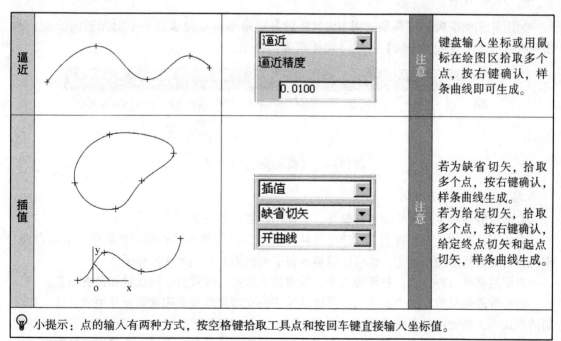

小提示：点的输入有两种方式，按空格键拾取工具点和按回车键直接输入坐标值。

i 实体边界绘制方法

相关线是绘制曲面或实体的交线、边界线、参数线、法线、投影线和实体边界。本项目主要学习实体边界的绘制方法。实体边界主要是用于求特征生成后实体的边界线，这样可以在实体表面生成空间曲线，曲线也可以作为草图使用。

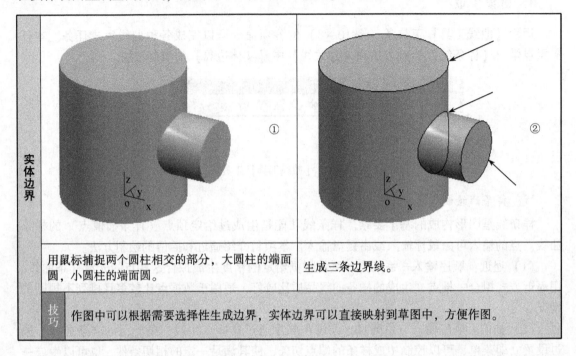

实体边界	用鼠标捕捉两个圆柱相交的部分，大圆柱的端面圆，小圆柱的端面圆。	生成三条边界线。
技巧	作图中可以根据需要选择性生成边界，实体边界可以直接映射到草图中，方便作图。	

2. 曲面编辑

运用【线面编辑】工具条（图 10 - 4）的各项命令可以完成各种平面图形的绘制。本任务将重点学习【曲面编辑】中的【曲面裁剪】命令。

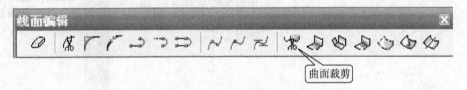
曲面裁剪

图 10 - 4 　【线面编辑】工具条

ⓘ 曲面裁剪

曲面裁剪即对生成的曲面进行修剪，去掉不需要的部分。

在曲面裁剪功能中，我们可以选用各种元素，包括各种曲线和曲面来修理和剪裁曲面，获得我们所需要的曲面形态，也可以将被裁剪了的曲面恢复到原来的样子。

曲面裁剪有五种方式：投影线裁剪、等参数线裁剪、线裁剪、面裁剪和裁剪恢复。

在各种曲面裁剪方式中，我们都可以通过切换立即菜单来采用裁剪或分裂的方式。在分裂的方式中，系统用剪刀线将曲面分成多个部分，并保留裁剪生成的所有曲面部分。在裁剪方式中，系统只保留用户所需要的曲面部分，其他部分将都被裁剪掉。系统根据拾取曲面时鼠标的位置来确定所需要的部分，即剪刀线将曲面分成多个部分，用户在拾取曲面时鼠标单击在哪一个曲面部分上，就保留哪一部分。

<table>
<tr><td rowspan="3">投影线裁剪</td><td colspan="2">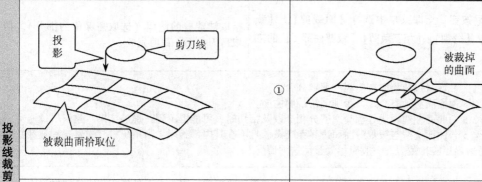</td></tr>
<tr><td>单击 按钮，立即菜单中选择【投影线裁剪】，【裁剪】的方式，拾取被裁剪的面（选取保留的段）。</td><td>输入投影方向。按空格键，弹出矢量工具菜单，选择投影方向。
拾取剪刀线。拾取曲线，曲线变红，裁剪完成。</td></tr>
<tr><td colspan="2">注意
＜1＞裁剪时保留拾取点所在的那部分曲面。
＜2＞拾取的裁剪曲线沿指定投影方向向被裁剪曲面投影时必须有投影线，否则无法裁剪曲面。
＜3＞在输入投影方向时可利用矢量工具菜单。
＜4＞剪刀线与曲面边界线重合或部分重合以及相切时，可能得不到正确的裁剪结果。</td></tr>
<tr><td rowspan="3">线裁剪</td><td colspan="2">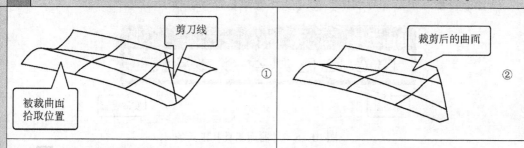</td></tr>
<tr><td>单击 按钮，立即菜单中选择【线裁剪】，【裁剪】的方式，拾取被裁剪的面（选取保留的段）。</td><td>拾取剪刀线，该曲线变红。线裁剪完成。</td></tr>
<tr><td colspan="2">注意
＜1＞裁剪时保留拾取点所在的那部分曲面。
＜2＞若裁剪曲线不在曲面上，则系统将曲线按距离最近的方式投影到曲面上获得投影曲线，然后利用投影曲线对曲面进行裁剪，此投影曲线不存在时，裁剪失败。一般应尽量避免此种情形。
＜3＞若裁剪曲线与曲面边界无交点，且不在曲面内部封闭，则系统将其延长到曲面边界后实行裁剪。
＜4＞与曲面边界线重合或部分重合以及相切的曲线对曲面进行裁剪时，可能得不到正确的结果，建议尽量避免这种情况。</td></tr>
<tr><td>面裁剪</td><td colspan="2">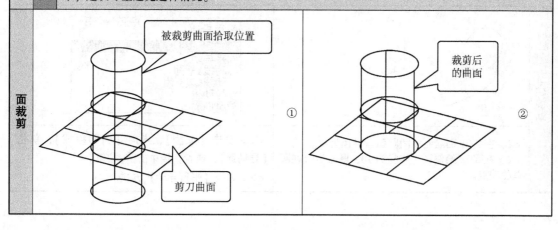</td></tr>
</table>

	单击 按钮，立即菜单中选择【面裁剪】，【裁剪】或【分裂】，【相互裁剪】【裁剪曲面1】的方式。	拾取被裁剪的曲面（选取需保留的部分）。拾取剪刀曲面，裁剪完成。
面裁剪	注意	<1> 裁剪时保留拾取点所在的那部分曲面。 <2> 两曲面必须有交线，否则无法裁剪曲面。 <3> 两曲面在边界线处相交或部分相交以及相切时，可能得不到正确的结果，建议尽量避免。 <4> 若曲面交线与被裁剪曲面边界无交点，且不在其内部封闭，则系统将交线延长到被裁剪曲面边界后实行裁剪。一般应尽量避免这种情况。

💡 小提示：当系统中的复杂曲线极多的时候，建议不用快速裁剪。因为在大量复杂曲线处理过程中，系统计算速度较慢，从而将影响用户的工作效率。

3. 曲面生成

运用【曲面工具】工具条（图 10－5）的各项命令可以完成各种曲面图形的绘制。本任务将重点学习【导动面】和【实体表面】命令。

图 10－5 　【曲面工具】工具条

🌐 导动面

让特征截面线沿着特征轨迹线的某一方向导动生成曲面。导动面生成主要学习五种方式：平行导动、固接导动、导动线＆平面、双导动线和管道曲面。

🌐 **平行导动的定义**：平行导动是指截面线沿导动线始终平行它自身地移动而导动生成曲面，截面线在运动过程中没有任何旋转。

🐾 示例

平行导动	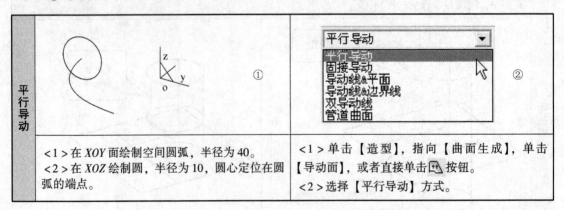①	②
	<1> 在 XOY 面绘制空间圆弧，半径为 40。 <2> 在 XOZ 绘制圆，半径为 10，圆心定位在圆弧的端点。	<1> 单击【造型】，指向【曲面生成】，单击【导动面】，或者直接单击 按钮。 <2> 选择【平行导动】方式。

平行导动	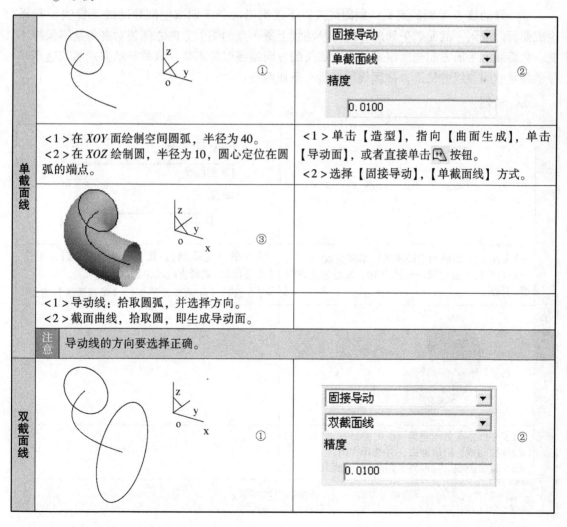
	<1>导动线：拾取圆弧，并选择方向。 <2>截面曲线，拾取圆，即生成导动面。

导动线的方向要选择正确。

固接导动的定义：固接导动是指在导动过程中，截面线和导动线保持固接关系，即让截面线平面与导动线的切矢方向保持相对角度不变，而且截面线在自身相对坐标系中的位置关系保持不变，截面线沿导动线变化的趋势导动生成曲面。固接导动有单截面线和双截面线两种，也就是说截面线可以是一条或两条。

示例

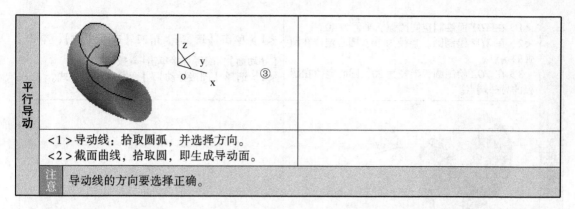

固接导动 ▼
单截面线 ▼
精度
0.0100

单截面线	<1>在 *XOY* 面绘制空间圆弧，半径为 40。 <2>在 *XOZ* 绘制圆，半径为 10，圆心定位在圆弧的端点。	<1>单击【造型】，指向【曲面生成】，单击【导动面】，或者直接单击 按钮。 <2>选择【固接导动】，【单截面线】方式。
	<1>导动线：拾取圆弧，并选择方向。 <2>截面曲线，拾取圆，即生成导动面。	

注意 导动线的方向要选择正确。

双截面线		固接导动 ▼ 双截面线 ▼ 精度 0.0100

双截面线	<1>在 *XOY* 面绘制空间圆弧，半径为 40。 <2>在 *XOZ* 绘制圆，半径为 10，圆心定位在圆弧的端点。 <3>在 *YOZ* 绘制圆，半径为 20，圆心定位在圆弧的另一端点。	<1>单击【造型】，指向【曲面生成】，单击【导动面】，或者直接单击 ⬚ 按钮。 <2>选择【固接导动】，【双截面线】方式。
	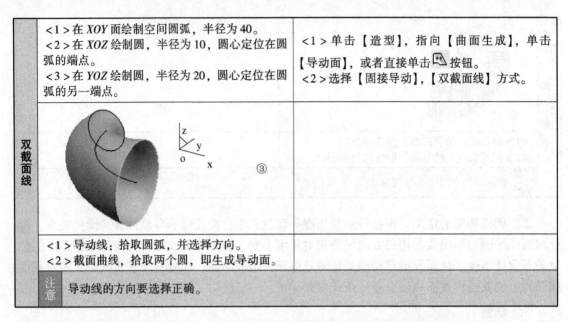 ③	
	<1>导动线：拾取圆弧，并选择方向。 <2>截面曲线，拾取两个圆，即生成导动面。	
	注意 导动线的方向要选择正确。	

　　　导动线 & 平面的定义：截面线按以下规则沿一条平面或空间导动线（脊线）导动生成曲面。规则：截面线平面的方向与导动线上每一点的切矢方向之间相对夹角始终保持不变；截面线的平面方向与所定义的平面法矢的方向始终保持不变。这种导动方式尤其适用于导动线是空间曲线的情形，截面线可以是一条或两条。

　　　示例

单截面线	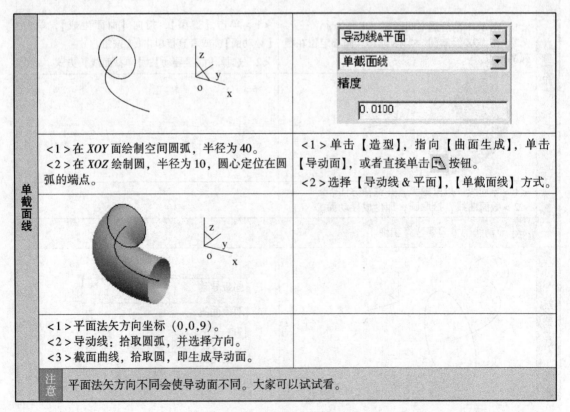	导动线&平面 ▼ 单截面线 ▼ **精度** 0.0100
	<1>在 *XOY* 面绘制空间圆弧，半径为 40。 <2>在 *XOZ* 绘制圆，半径为 10，圆心定位在圆弧的端点。	<1>单击【造型】，指向【曲面生成】，单击【导动面】，或者直接单击 ⬚ 按钮。 <2>选择【导动线 & 平面】，【单截面线】方式。
	<1>平面法矢方向坐标（0,0,9）。 <2>导动线：拾取圆弧，并选择方向。 <3>截面曲线，拾取圆，即生成导动面。	
	注意 平面法矢方向不同会使导动面不同。大家可以试试看。	

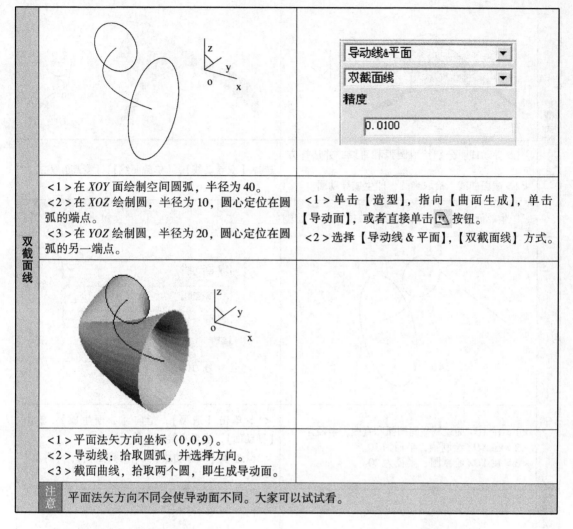

双截面线	<1> 在 *XOY* 面绘制空间圆弧，半径为 40。 <2> 在 *XOZ* 绘制圆，半径为 10，圆心定位在圆弧的端点。 <3> 在 *YOZ* 绘制圆，半径为 20，圆心定位在圆弧的另一端点。	<1> 单击【造型】，指向【曲面生成】，单击【导动面】，或者直接单击 按钮。 <2> 选择【导动线 & 平面】，【双截面线】方式。
	<1> 平面法矢方向坐标（0,0,9）。 <2> 导动线：拾取圆弧，并选择方向。 <3> 截面曲线，拾取两个圆，即生成导动面。	
注意	平面法矢方向不同会使导动面不同。大家可以试试看。	

🛩 **双导动线的定义**：将一条或两条截面线沿着两条导动线匀速地导动生成曲面。双导动线导动支持等高导动和变高导动。

🐢 **示例**

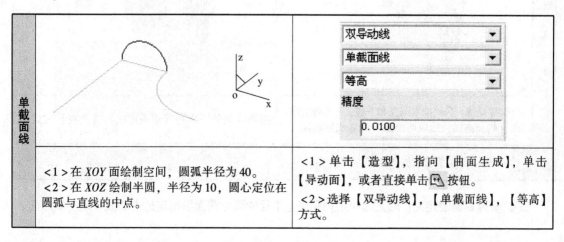

单截面线	<1> 在 *XOY* 面绘制空间，圆弧半径为 40。 <2> 在 *XOZ* 绘制半圆，半径为 10，圆心定位在圆弧与直线的中点。	<1> 单击【造型】，指向【曲面生成】，单击【导动面】，或者直接单击 按钮。 <2> 选择【双导动线】，【单截面线】，【等高】方式。

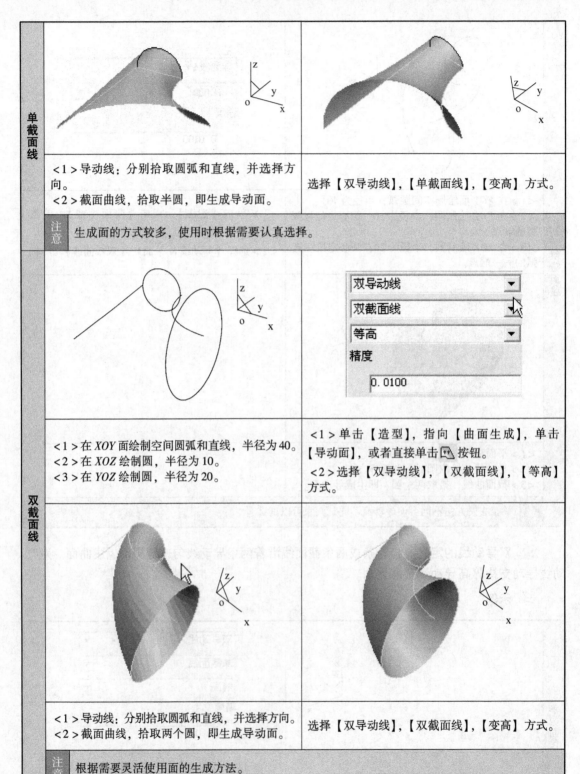

单截面线	<1>导动线：分别拾取圆弧和直线，并选择方向。 <2>截面曲线，拾取半圆，即生成导动面。	选择【双导动线】，【单截面线】，【变高】方式。
	注意　生成面的方式较多，使用时根据需要认真选择。	
双截面线	<1>在 *XOY* 面绘制空间圆弧和直线，半径为40。 <2>在 *XOZ* 绘制圆，半径为10。 <3>在 *YOZ* 绘制圆，半径为20。	<1>单击【造型】，指向【曲面生成】，单击【导动面】，或者直接单击 [📐] 按钮。 <2>选择【双导动线】，【双截面线】，【等高】方式。
	<1>导动线：分别拾取圆弧和直线，并选择方向。 <2>截面曲线，拾取两个圆，即生成导动面。	选择【双导动线】，【双截面线】，【变高】方式。
	注意　根据需要灵活使用面的生成方法。	

✈ **管道曲面的定义**：给定起始半径和终止半径的圆形截面沿指定的中心线导动生成曲面。

示例

管道曲面	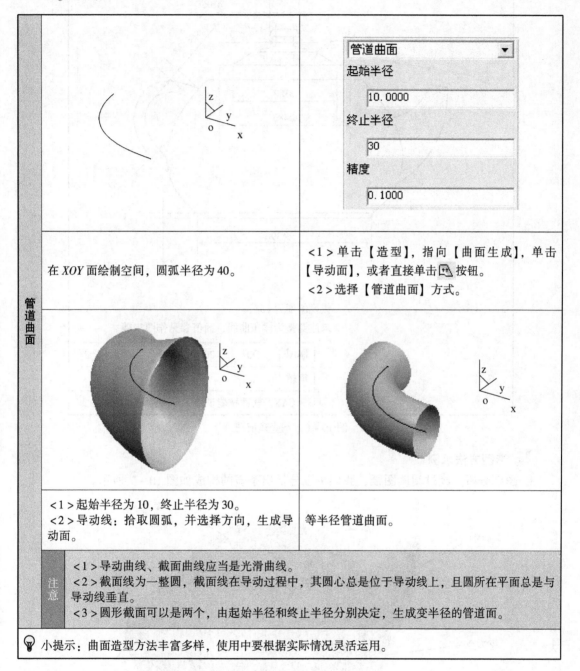

在 *XOY* 面绘制空间，圆弧半径为 40。

<1>单击【造型】，指向【曲面生成】，单击【导动面】，或者直接单击 按钮。
<2>选择【管道曲面】方式。

<1>起始半径为 10，终止半径为 30。
<2>导动线：拾取圆弧，并选择方向，生成导动面。

等半径管道曲面。

注意
<1>导动曲线、截面曲线应当是光滑曲线。
<2>截面线为一整圆，截面线在导动过程中，其圆心总是位于导动线上，且圆所在平面总是与导动线垂直。
<3>圆形截面可以是两个，由起始半径和终止半径分别决定，生成变半径的管道面。

小提示：曲面造型方法丰富多样，使用中要根据实际情况灵活运用。

任务 3　茶壶造型训练

要求：按照下列图纸（图 10-6），在软件中进行茶壶的实体造型。

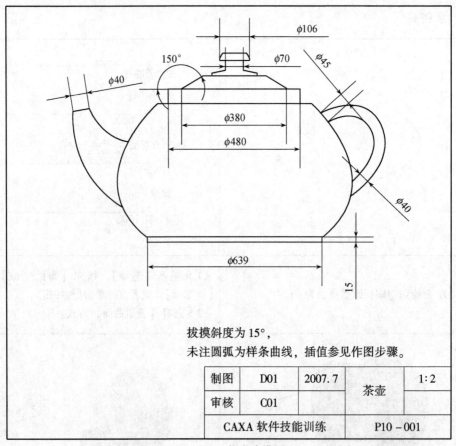

拔摸斜度为 15°，
未注圆弧为样条曲线，插值参见作图步骤。

制图	D01	2007.7	茶壶	1:2
审核	C01			
CAXA 软件技能训练			P10－001	

图 10－6 茶壶建模图

造型方法示例

1. 图纸分析：经过阅读图纸，我们可以分析出茶壶的构成如图 10－7 所示。

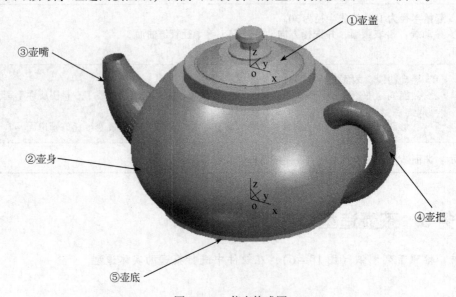

图 10－7 茶壶构成图

2. 茶壶制作步骤与顺序。茶壶的制作主要分为五个步骤，具体制作顺序是：
①壶盖实体造型→②壶身造型→③壶嘴造型→④壶把造型→⑤壶底造型。

i 步骤①：壶盖实体造型

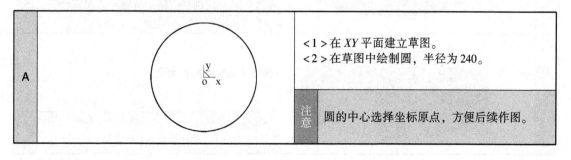

A		<1> 在 *XY* 平面建立草图。 <2> 在草图中绘制圆，半径为 240。
		注意　圆的中心选择坐标原点，方便后续作图。

B		<1>选中轮廓草图。 <2>执行【拉伸增料】命令。 输入数据。 【类型】：固定深度；【深度】：13.5；【拉伸为】：实体特征。
		注意　拉伸方向选择向上，后边作图中拉伸方向要与之匹配一致。
C		<1>在顶部平面建立草图。 <2>在草图中绘制圆，半径为195。
		注意　圆心选择坐标原点。
D		运用【拉伸增料】命令，拉伸出圆锥形状。
		注意　输入数据。 【类型】：固定深度；【深度】：46.5；【拉伸为】：实体特征；【增加拔模斜度】：60；注意拉伸方向选择向上。
E		<1>在 XZ 平面建立草图。 <2>在草图中绘制圆，半径为10。
		注意　圆心的定位，利用工具点中端点的捕捉，捕捉到圆锥大圆的端点。
F		在空间沿着 Z 轴作直线。
		注意　直线一定画在空间，而且与 Z 轴重合，长短不限。
G		执行【旋转除料】命令。
		注意　输入数据。 【类型】：单向旋转；【角度】：360。

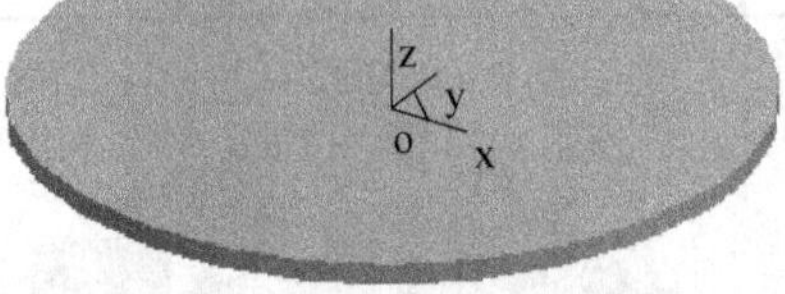

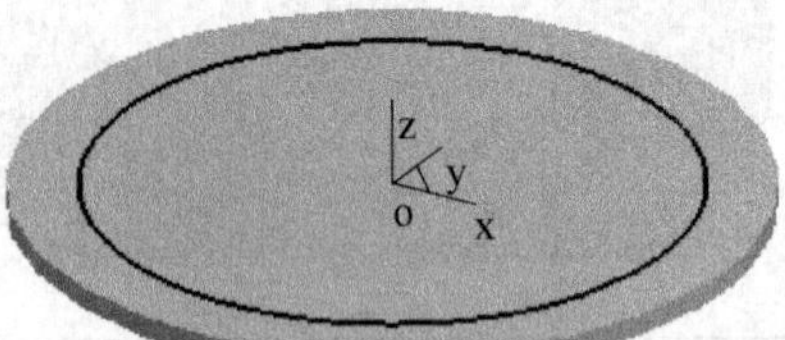

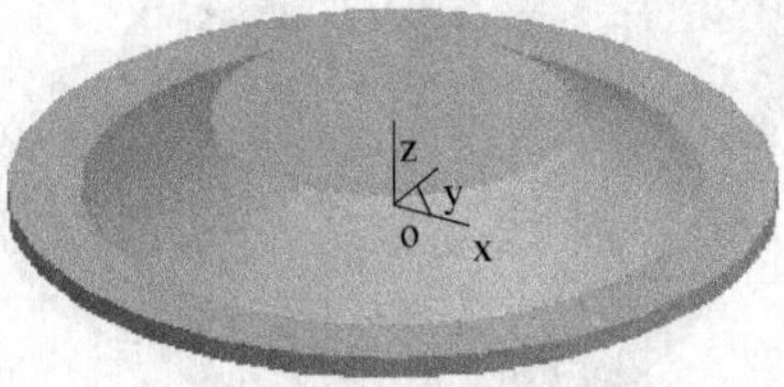

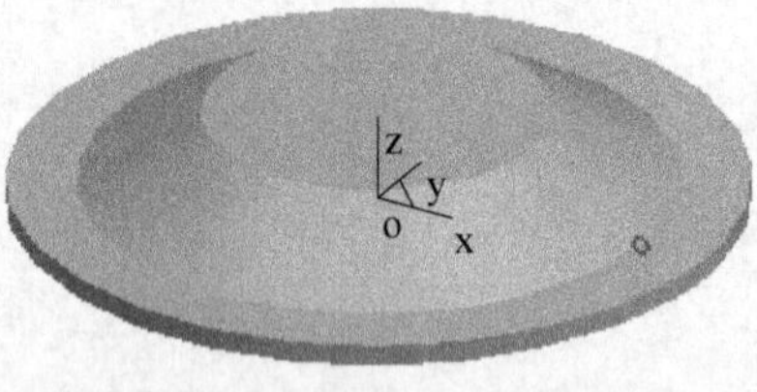

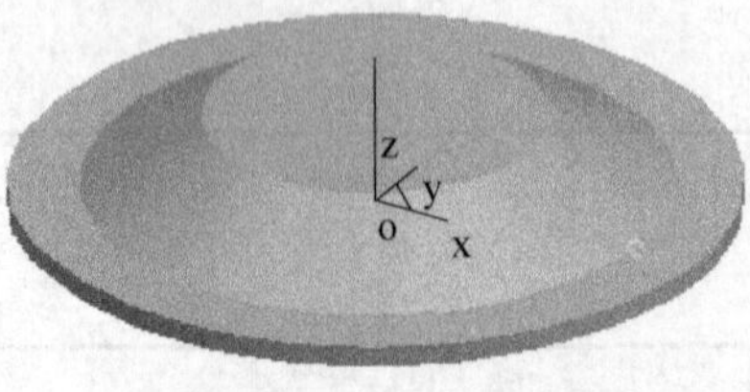

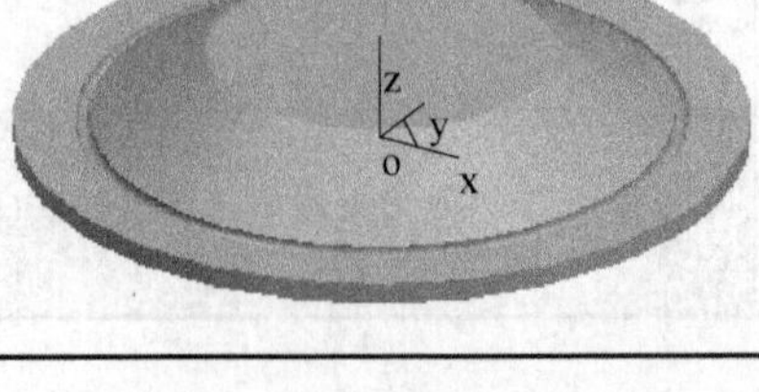

H		执行过渡命令，半径为5。 选择壶盖的两个实体边界，如左图所示。
		注意 选择时可以放大实体，以便准确拾取。
I		＜1＞选择顶面创建草图。 ＜2＞在草图中绘制圆，半径为80。
		注意 圆心定位在坐标原点。
J		运用【拉伸增料】命令，形成圆柱体。
		注意 输入数据。 【类型】：固定深度；【深度】：10；【拉伸为】：实体特征。
K		＜1＞选择顶面创建草图。 ＜2＞在草图中绘制圆，半径为80。
		注意 圆心定位在坐标原点。
L		运用【拉伸增料】命令，拉伸出圆锥形状。
		注意 输入数据。 【类型】：固定深度；【深度】：8；【拉伸为】：实体特征；【增加拔模斜度】：80；注意拉伸方向不要选错，否则造型错误。
M		＜1＞选择顶面创建草图。 ＜2＞生成锥顶面圆的实体边界，作为草图圆。
		注意 草图圆应用实体边界生成更快捷方便。

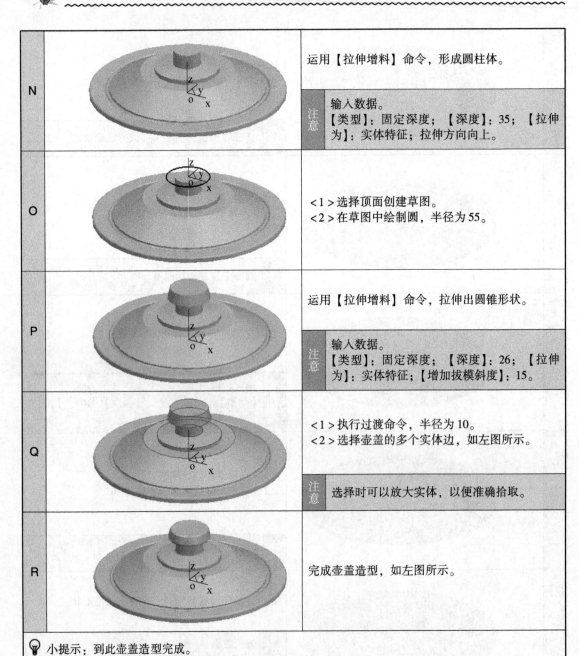

N		运用【拉伸增料】命令，形成圆柱体。
	注意	输入数据。 【类型】：固定深度；【深度】：35；【拉伸为】：实体特征；拉伸方向向上。

O		<1>选择顶面创建草图。 <2>在草图中绘制圆，半径为55。

P		运用【拉伸增料】命令，拉伸出圆锥形状。
	注意	输入数据。 【类型】：固定深度；【深度】：26；【拉伸为】：实体特征；【增加拔模斜度】：15。

Q		<1>执行过渡命令，半径为10。 <2>选择壶盖的多个实体边，如左图所示。
	注意	选择时可以放大实体，以便准确拾取。

R		完成壶盖造型，如左图所示。

💡 小提示：到此壶盖造型完成。

ⓘ 步骤②：壶身造型

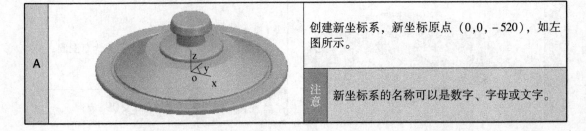

A		创建新坐标系，新坐标原点（0，0，−520），如左图所示。
	注意	新坐标系的名称可以是数字、字母或文字。

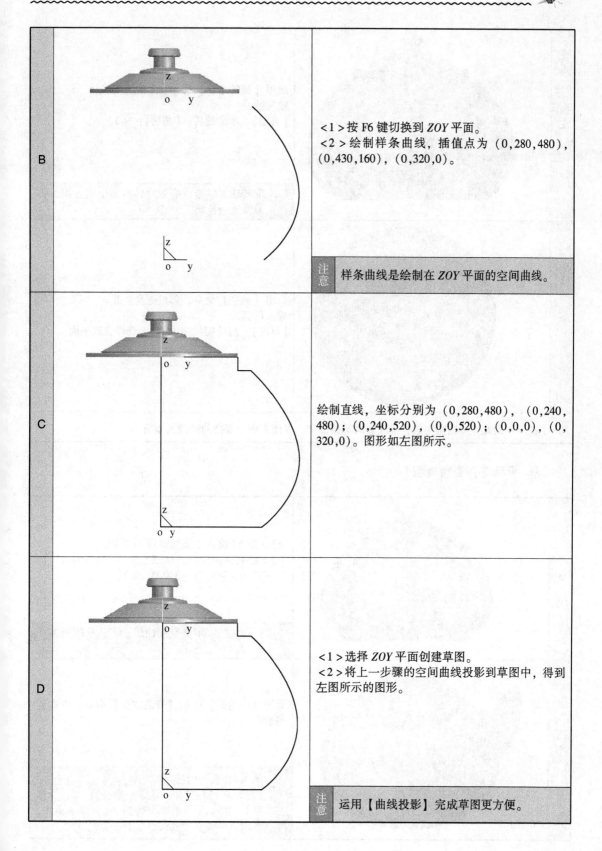

B

<1＞按 F6 键切换到 *ZOY* 平面。
<2＞绘制样条曲线，插值点为（0,280,480），
（0,430,160），（0,320,0）。

> 注意 样条曲线是绘制在 *ZOY* 平面的空间曲线。

C

绘制直线，坐标分别为（0,280,480），（0,240,480）；（0,240,520），（0,0,520）；（0,0,0），（0,320,0）。图形如左图所示。

D

<1＞选择 *ZOY* 平面创建草图。
<2＞将上一步骤的空间曲线投影到草图中，得到左图所示的图形。

> 注意 运用【曲线投影】完成草图更方便。

E	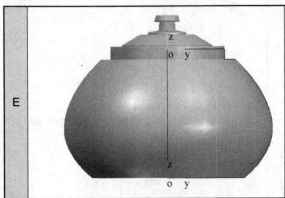	运用【旋转增料】命令，形成壶身实体。 输入数据。 【类型】：单向旋转；【角度】：360。
		注意　旋转轴可以选择壶盖旋转造型中的轴线，不需要重新再画。
F	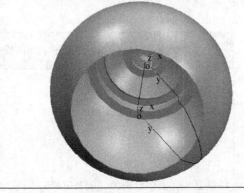	运用【抽壳】命令，形成壶身空腔。 输入数据。 【厚度】：2；【需抽去的面】：选择壶底平面。

💡 小提示：到此壶身造型完成，壶底暂时不做出来，以便壶嘴、壶把的造型及编辑。

ℹ️ 步骤③：壶嘴造型

A	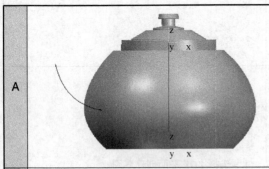	<1>按 F7 键将平面切换到 XOZ 面。 <2>绘制样条曲线，插值点为（-576,0,418），（-487,0,254），（-340,0,190）。
		注意　样条曲线一定是空间曲线，不是草图里的图形。
B	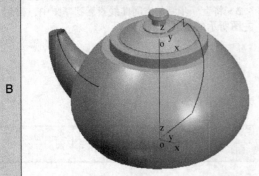	运用【导动面】中的【管道曲面】命令，生成壶嘴造型。
		注意　输入数据。 【起始半径】：140；【终止半径】：40；【精度】：默认值；【导动线】：拾取样条曲线，导动方向要与导动线拾取的位置相匹配。

C	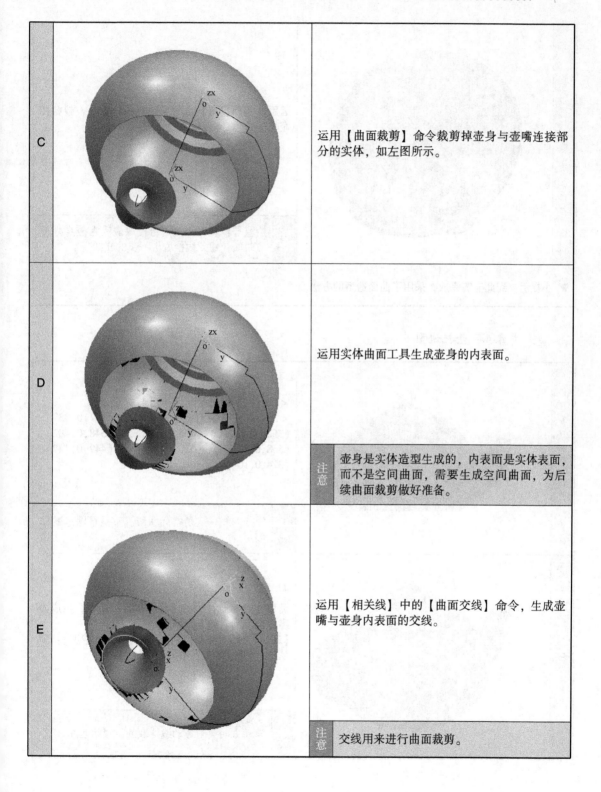	运用【曲面裁剪】命令裁剪掉壶身与壶嘴连接部分的实体，如左图所示。
D		运用实体曲面工具生成壶身的内表面。
		注意 壶身是实体造型生成的，内表面是实体表面，而不是空间曲面，需要生成空间曲面，为后续曲面裁剪做好准备。
E		运用【相关线】中的【曲面交线】命令，生成壶嘴与壶身内表面的交线。
		注意 交线用来进行曲面裁剪。

| F | 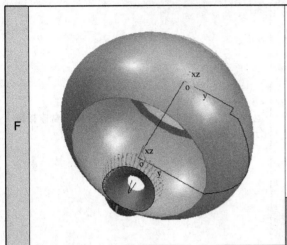 | 运用【曲面裁剪】中的【线裁剪】命令，裁剪掉壶嘴深入壶身内部的曲面。 |
| | | 注意 拾取被裁减曲面时一定拾取壶嘴在壶身外部的曲面，剪刀线拾取上一步的交线。 |

💡 小提示：到此壶嘴完成，采用了曲面造型的方法。

ℹ️ 步骤④：壶把造型

A		<1> 按 F7 键将平面切换到 XOZ 面。 <2> 绘制样条曲线，插值点为（297,0,337），（362,0,414），（458,0,443），（548,0,402），（568,0,305），（525,0,214），（449,0,147），（324,0,104）。
		注意 样条曲线一定是空间曲线，不是草图里的图形。
B		运用【导动面】中的【管道曲面】命令，生成壶嘴造型，输入如下数据。 【起始半径】：45；【终止半径】：40；【精度】：默认值；【导动线】：拾取样条曲线。
		注意 导动方向要与导动线拾取的位置相匹配。

C	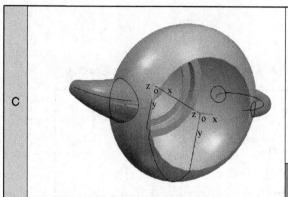	<1>运用【相关线】中的【曲面交线】命令，生成壶把与壶身内表面的交线。 <2>运用【曲面裁剪】中的【线裁剪】命令，裁剪掉壶把深入壶身内部的曲面。
		注意　壶身内表面可以运用实体表面生成，参照壶嘴的造型方法。

小提示：到此壶把造型完毕。

步骤⑤：壶底造型

A	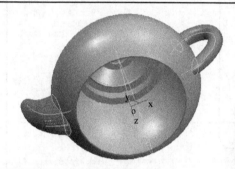	<1>选择壶底平面创建草图。 <2>运用【相关线】命令中的【实体边界】生成草图圆，如左图所示。
		注意　选择壶底平面时运用放大工具，这样可以更准确的拾取到平面。 草图圆一定是壶底的外轮廓边界。
B	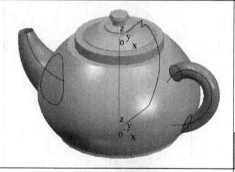	运用【拉伸增料】命令，拉伸出壶的底座。 输入数据。 【类型】：固定深度；【深度】：15；【拉伸为】：实体特征。
		注意　拉伸方向选择向下。
C		隐藏不必要的空间曲线和曲面。
		注意　使用鼠标逐一选择，要准确无误，壶嘴和壶把不要误选而被隐藏。

小提示：到此茶壶造型完毕。

任务 4　项目练习与总结

要求：按照下列图纸（图 10 – 8），在软件中进行瓶体的实体造型练习，并总结相关知识点。

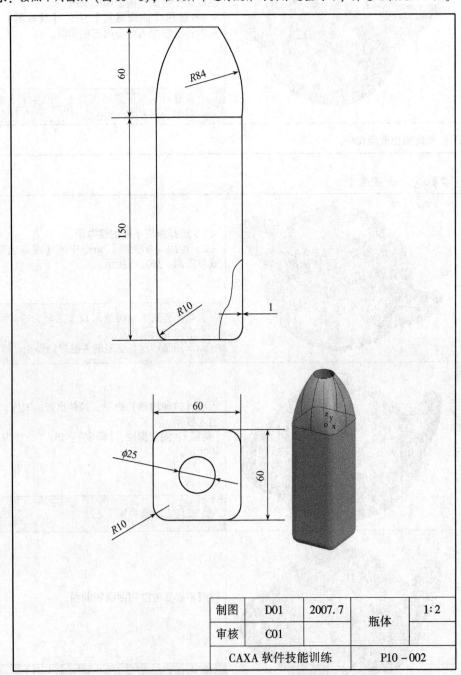

制图	D01	2007. 7	瓶体	1 : 2
审核	C01			
CAXA 软件技能训练			P10 – 002	

图 10 – 8　瓶体零件图

图纸分析：经过阅读图纸，我们可以分析出瓶体由以下几部分构成。

①	②
③	④
⑤	⑥
⑦	

瓶体制作步骤与顺序。瓶体的制作主要分为＿＿＿＿个步骤，具体制作顺序是：

① →	② →
③ →	④ →
⑤ →	⑥
⑦	

各个步骤中需要用到的造型方法是：

① →	② →
③ →	④ →
⑤ →	⑥ →
⑦	

在电脑上完成图纸中给定的瓶体造型。

📖 **请问**：在本次造型中，共计绘制了＿＿＿＿＿＿＿张草图，进行了＿＿＿＿次＿＿＿＿＿＿操作，进行了＿＿＿＿次＿＿＿＿操作。

🍳任务 5　知识拓展

要求：主要说明实际工程中的自由形状建模，在造型中应注意的问题。

自由形状造型是比较简单的结构形体，实际中的形体都会有一定的厚度，在曲面的基础上可以使其具有一定的厚度。

示例

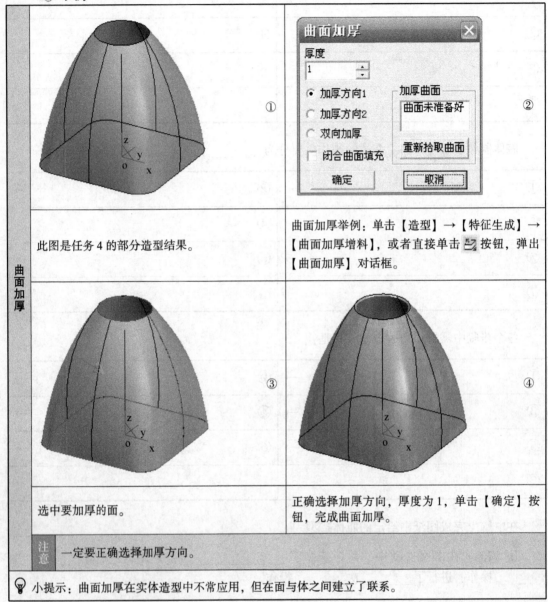

曲面加厚

① 此图是任务4的部分造型结果。	② 曲面加厚举例：单击【造型】→【特征生成】→【曲面加厚增料】，或者直接单击 ⬛ 按钮，弹出【曲面加厚】对话框。
③ 选中要加厚的面。	④ 正确选择加厚方向，厚度为1，单击【确定】按钮，完成曲面加厚。

注意 一定要正确选择加厚方向。

💡 **小提示**：曲面加厚在实体造型中不常应用，但在面与体之间建立了联系。

在任务3完成的茶壶基础上练习曲面加厚。

📖 **请问**：在本次操作中，曲面加厚的厚度是_____。

项目 11 CAM技术应用实例

【学习目标】

1. 学习零件加工程序的生成方法与模拟方法；
2. 掌握毛坯的设定；
3. 掌握区域式粗加工、等高线粗加工的方法；
4. 掌握参数线精加工、等高线精加工的方法；
5. 掌握等高线补加工的方法；
6. 掌握加工轨迹的模拟仿真。

【CAD/CAM 集成数控编程系统】

CAD/CAM 集成化的数控编程系统已成为数控加工自动编程系统的主流，其一般由几何造型、刀具轨迹生成、刀具轨迹编辑、后置处理、图形显示、几何模型、运行控制和用户界面等部分组成。在 CAD/CAM 集成数控编程系统中，几何模型是系统的核心，常见的几何模型包括表面模型、实体模型和加工特征单元模型。本项目中我们重点学习加工特征单元模型。加工特征单元模型包括定义毛坯、粗加工、精加工、补加工、后置处理、轨迹仿真。

🛸 **自动编程（CAD/CAM）的定义**：首先通过绘制、编辑和修改建立零件的几何模型，然后对机床和刀具进行定义和选择，确定刀具相对于零件表面的运动方式和切削加工参数，从而生成刀具轨迹，最后经过后置处理，即按照特定机床规定的文件格式生成加工程序。有些软件还可以实现加工仿真，用于验证走刀轨迹和加工程序的正确性。

🎱任务1　零件的加工分析

内容：本项目以旋钮型腔模为例介绍零件的加工方法和加工程序。

旋钮型腔模（图 11-1）中加工表面比较多，主要有平面加工和曲面加工，而且高度方向需要分层加工，底座上表面属于平面加工，定位柱、花形腔、凹面和旋向标属于曲面加工。在本项目中我们会学习到多种加工方法，通过学习大家能掌握生成加工轨迹和加工程序的有效方法，为实现 CAD/CAM 奠定坚实的基础。

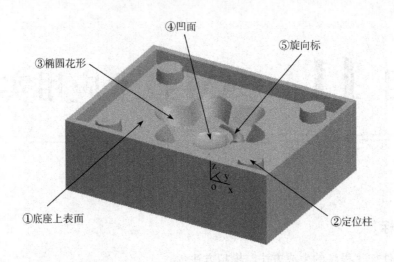

④凹面

⑤旋向标

③椭圆花形

①底座上表面

②定位柱

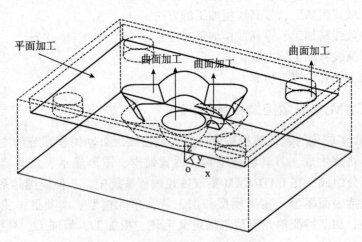

平面加工

曲面加工　　曲面加工

曲面加工

图11-1　旋钮型腔模加工特点分析

任务2　加工程序主要相关命令学习

　　内容：主要介绍加工程序所需要的各个相关指令及使用方法，包括
【定义毛坯】→【粗加工】【精加工】→【轨迹仿真】→【后置处理】。如果你已掌握
上述内容，可直接转至任务3进行学习。

　　运用【加工工具条】工具条（图11-2）的各项命令可以实现各种表面加工轨迹的生
成。本任务重点学习【区域式粗加工】、【等高线粗加工】、【等高线精加工】、【参数线精加
工】和【等高线补加工】，本任务还将学习毛坯的设定以及加工轨迹的仿真和加工程序的
生成方法。

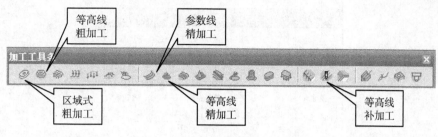

图 11 - 2　【加工工具条】工具条

1. 定义毛坯

加工中常用的毛坯一般为铸件自由锻及模锻件，数控铣削的毛坯多为板料。加工前首先选择毛坯，并对其进行工艺性分析，否则，如果毛坯不适合数控铣削，加工将很难进行下去，甚至会造成前功尽弃的后果。这方面的教训在实际工作中也是不少见的，应引起充分重视。毛坯在选择中要注意以下三方面的要求。

毛坯选择	①毛坯的加工余量要充分。
	在采用数控铣削时，一次定位将决定工件的"命运"，加工过程的自动化很难照顾到何处余量不足的问题。因此，选择的毛坯一定要有较充分的余量。
	②毛坯在安装中定位夹紧要合适。
	主要是考虑毛坯在加工时的安装定位方面的可靠性与方便性，以便充分发挥数控铣削在一次安装中加工出许多待加工面。
	③加工中毛坯余量的切除要均匀。
	主要是考虑在加工时分层切削及加工后的变形程度。

🛈 进入定义毛坯的方法

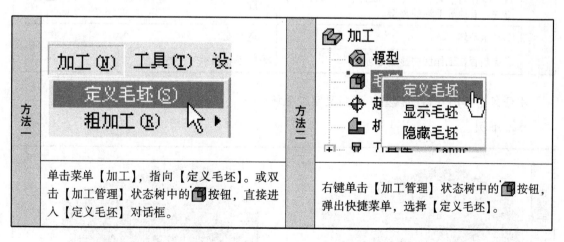

| 方法一 | 单击菜单【加工】，指向【定义毛坯】。或双击【加工管理】状态树中的 🔲 按钮，直接进入【定义毛坯】对话框。 | 方法二 | 右键单击【加工管理】状态树中的 🔲 按钮，弹出快捷菜单，选择【定义毛坯】。 |

🛈 定义毛坯的操作方法

对话框（图 11 - 3）中的各选项如下

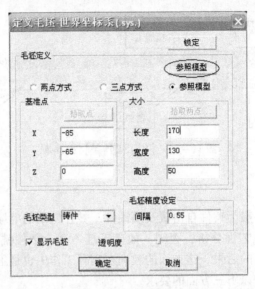

图 11 - 3　定义毛坯

定义毛坯	①锁定	②毛坯定义
	使用户不能设定基准点、大小和毛坯类型等，用以防止设定好的毛坯数据被修改。	【两点方式】通过拾取毛坯的两个角点来定义毛坯。
	③基准点	【三点方式】通过拾取基准点，拾取定义毛坯大小的两个角点来定义毛坯。
	毛坯在世界坐标系中的左下角点。	【参照模型】系统自动计算模型的包围盒，以此来定义毛坯。
	④大小　长度，宽度，高度分别是毛坯在 x 方向，y 方向，z 方向的尺寸。	
	⑤毛坯类型	⑥毛坯精度设定
	系统提供铸件、精铸件、锻件、精锻件、棒料、冷作件、冲压件、标准件、外购件、外协件、其他等毛坯的类型。	设定毛坯的网格间距，以此体现加工仿真的精确程度。
	⑦显示毛坯	⑧透明度
	设定是否在工作区中显示毛坯。	设定毛坯显示时的透明度。

本任务中应用【参照模型】来自动定义毛坯。

🖐 举例

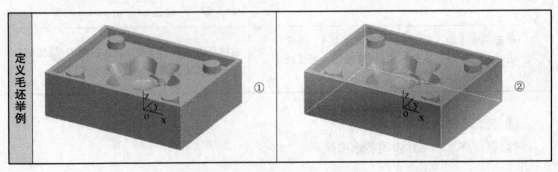

定义毛坯举例	打开旋钮型腔模实体，进入【定义毛坯】对话框。	在对话框中选取【参照模型】，并单击【参照模型】按钮，自动生成基准点和长、宽、高尺寸，并勾选【显示毛坯】，其他选项默认，单击【确定】按钮，完成操作。
	技巧	【参照模型】的方法能够方便快捷的生成毛坯，因此建议大家使用这种方法。

💡 小提示：定义毛坯是生成刀具轨迹的必要前提。为了更清晰的观察加工轨迹，可以隐藏毛坯。

2. 粗加工

✈ **等高线粗加工的定义**：是生成大量去除毛坯材料的刀具轨迹，加工后使型腔模初具形状。

ℹ 进入方法

	方　法 1	方　法 2
进入方法	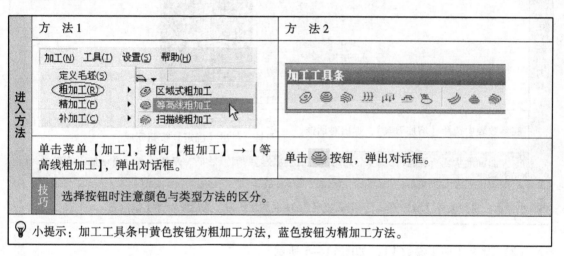	
	单击菜单【加工】，指向【粗加工】→【等高线粗加工】，弹出对话框。	单击 🍩 按钮，弹出对话框。
	技巧	选择按钮时注意颜色与类型方法的区分。

💡 小提示：加工工具条中黄色按钮为粗加工方法，蓝色按钮为精加工方法。

ℹ 参数设置

(1) 设置【刀具参数】，如图 11 - 4 所示。

参数设置	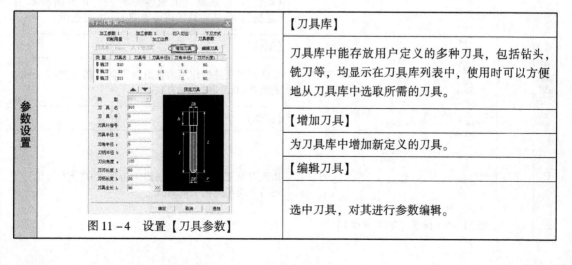 图 11 - 4　设置【刀具参数】	【刀具库】
		刀具库中能存放用户定义的多种刀具，包括钻头，铣刀等，均显示在刀具库列表中，使用时可以方便地从刀具库中选取所需的刀具。
		【增加刀具】
		为刀具库中增加新定义的刀具。
		【编辑刀具】
		选中刀具，对其进行参数编辑。

参数设置	【刀具参数】 【类型】铣刀或钻头。【刀具名】刀具的名称。 【刀具号】刀具在加工中的位置编号，便于加工过程中换刀。 【刀具补偿号】刀具半径补偿值对应的编号。 【刀具半径】刀刃部分最大截面圆的半径。 【刀角半径】刀刃部分球形轮廓区域的半径，只对铣刀有效。 【刀柄半径】刀柄部分截面圆的半径。【刀尖角度】钻尖的圆锥角，只对钻头有效。 【刀刃长度】刀刃部分的长度。　　　　【刀柄长度】刀柄部分的长度。 【刀具全长】刀杆与刀柄长度的总和。
定义新的刀具	举例：定义新的刀具 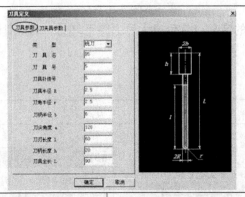 在参数表中选择【增加刀具】，弹出对话框。　丨　定义直径为5mm的球头刀，作为等高线粗加工的刀具，单击【确定】按钮完成。 技巧　曲面形状复杂有起伏，使用球头刀可以达到较好的加工效果。刀具的直径根据加工零件的尺寸确定。

小提示：重复选择【增加刀具】，定义直径为3mm的球头刀，为后续精加工做准备。

（2）设置【加工参数1】，如图11-5所示。

设置加工参数1	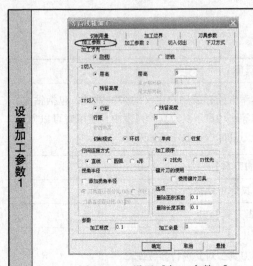 图11-5　设置【加工参数1】	【加工方向】 【顺铣】：生成顺铣的轨迹如图11-6左图所示。 【逆铣】：生成逆铣的轨迹如图11-6右图所示。 【顺铣】 指铣刀对工件的作用力在进给方向上的分力与工件进给方向相同的铣削方式。 【逆铣】 指铣刀对工件的作用力在进给方向上的分力与工件进给方向相反的铣削方式。

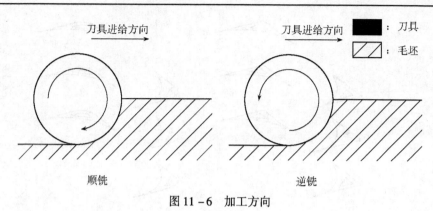

图 11 – 6　加工方向

设置加工参数 1

Z 切入

【层高】Z 向每加工层的切削深度。
【残留高度】系统会根据输入的残留高度的大小计算 Z 向层高。

XY 切入

【行距】XY 方向的相邻扫描行的距离。
【残留高度】由球刀铣削时，输入铣削通过时的残余量（残留高度）。当指定残留高度时，会提示 XY 切削量。
【切削模式】【环切】生成环切粗加工轨迹。
【平行（单向）】只生成单方向的加工轨迹。快速进刀后，进行一次切削方向加工。
【平行（往复）】即使到达加工边界也不进行快速进刀，继续往复的加工。

加工顺序

【Z 优先】以被识别的山或谷为单位进行加工。自动区分出山和谷，逐个进行由高到低的加工（若加工开始结束是按 Z 向上的情况则是由低到高）。若断面为不封闭形状时，有时会变成 XY 方向优先，如图 11 – 7 所示。
【XY 优先】按照 Z 进刀的高度顺序加工，即仅仅在 XY 方向上由系统自动区分的山或谷按顺序进行加工，如图 11 – 8 所示。

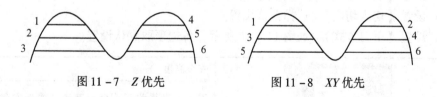

图 11 – 7　Z 优先　　　　　图 11 – 8　XY 优先

拐角半径

【添加拐角半径】设定在拐角部插补圆角 R。高速切削时减速转向，防止拐角处的过切。
【工具直径百分比】指定插补圆角 R 的圆弧半径相对于刀具直径的比率（%）。例：刀具直径比为 20(%)，刀具直径为 50 的话，插补的圆角半径为 10。
【半径】指定拐角处插入圆弧半径的大小，如图 11 – 9 所示。

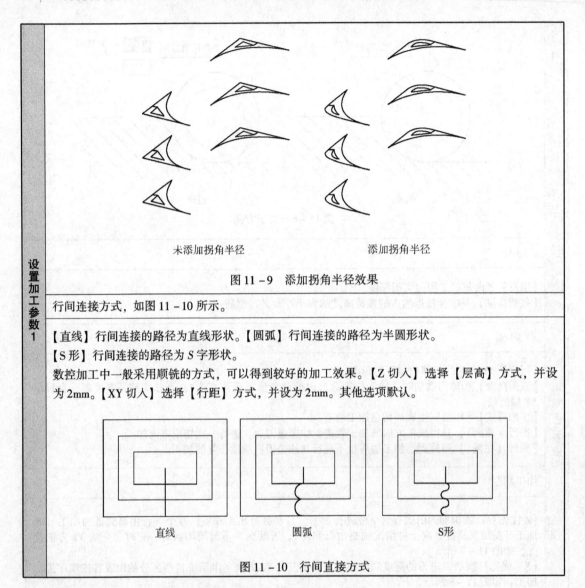

未添加拐角半径   添加拐角半径

图 11 - 9   添加拐角半径效果

行间连接方式，如图 11 - 10 所示。

【直线】行间连接的路径为直线形状。【圆弧】行间连接的路径为半圆形状。

【S形】行间连接的路径为 S 字形状。

数控加工中一般采用顺铣的方式，可以得到较好的加工效果。【Z 切入】选择【层高】方式，并设为 2mm。【XY 切入】选择【行距】方式，并设为 2mm。其他选项默认。

直线   圆弧   S形

图 11 - 10   行间直接方式

设置加工参数1

（3）设置【加工参数 2】，各选项取默认设置。

（4）设置【切入切出】，选择默认设置。

（5）设置【下刀方式】，如图 11 - 11 所示，各选项取默认设置。

设置下刀方式

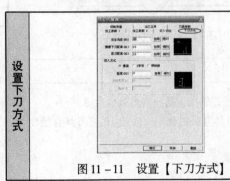

图 11 - 11   设置【下刀方式】

安全高度

刀具快速移动而不会与毛坯或模型发生干涉的高度，有相对与绝对两种模式，单击相对或绝对按钮可以实现两者的互换。

【相对】以切入、切出、切削开始或切削结束位置的刀位点为参考点。

【绝对】以当前加工坐标系的 XOY 平面为参考平面。

【拾取】单击后可以从工作区选择安全高度的绝对位置高度点。

设置下刀方式	慢速下刀距离
	在切入或切削开始前的一段刀位轨迹的位置长度，这段轨迹以慢速下刀速度垂直向下进给。有相对与绝对两种模式，单击相对或绝对按钮可以实现两者的互换。 【相对】以切入或切削开始位置的刀位点为参考点。 【绝对】以当前加工坐标系的 XOY 平面为参考平面。 【拾取】单击后可以从工作区选择慢速下刀距离的绝对位置高度点。
	退刀距离
	在切出或切削结束后的一段刀位轨迹的位置长度，这段轨迹以退刀速度垂直向上进给。有相对与绝对两种模式，单击相对或绝对按钮可以实现两者的互换。 【相对】以切出或切削结束位置的刀位点为参考点。 【绝对】以当前加工坐标系的 XOY 平面为参考平面。 【拾取】单击后可以从工作区选择退刀距离的绝对位置高度点。
	切入方式
	【垂直】刀具沿垂直方向切入。【Z 字形】刀具以 Z 字形方式切入。 【倾斜线】刀具以与切削方向相反的倾斜线方向切入。

（6）设置【切削用量】，如图 11 – 12 所示，根据加工要求进行切削用量设定。

设置切削用量	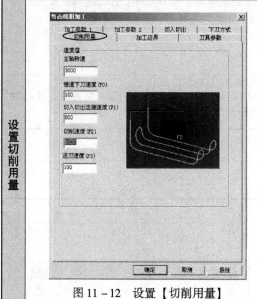 图 11 – 12　设置【切削用量】	安全高度 【速度值】设定轨迹各位置的相关进给速度及主轴转速。 【主轴转速】设定主轴转速的大小，单位 rpm（转/分）。 【慢速下刀速度（F0）】设定慢速下刀轨迹段的进给速度的大小，单位毫米/分。 【切入切出连接速度（F1）】设定切入轨迹段、切出轨迹段、连接轨迹段、接近轨迹段、返回轨迹段的进给速度的大小，单位毫米/分。 【切削速度（F2）】设定切削轨迹段的进给速度的大小，单位毫米/分。

（7）设置【加工边界】，选择默认设置。

🛈 **生成刀具轨迹**

根据命令行的提示"拾取加工对象"，用鼠标左键点选零件的上表面，并单击右键确认；"拾取加工边界"，鼠标右键确认即可；系统开始计算刀具轨迹，并生成等高线粗加工刀具轨迹。

举例

等高线粗加工	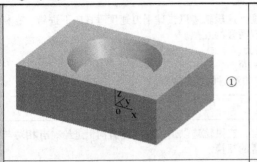① 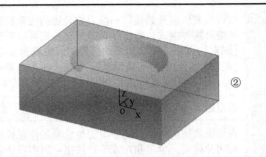②
	<1>运用【拉伸增料】生成长 100，宽 70，高 30 的长方体。 <2>运用【拉伸除料】生成圆形凹槽，深 10，半径 30，拔模斜度 30。 / 运用定义毛坯，生成实体的毛坯。
	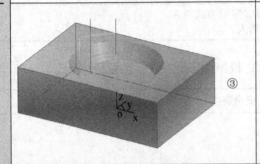③ / <1>选择等高线粗加工，设定各种参数，（可以选择默认选项）。 <2>加工对象：拾取实体；加工边界：单击右键响应，生成刀具轨迹。

💡 小提示：操作过程方便快捷，只要给定实体，即可生成刀具轨迹。等高线的加工方法可以生成各种曲面的刀具轨迹。刀具轨迹的疏密可以通过调整层高和行距来控制。

ℹ️ 区域式粗加工

ℹ️ 进入方法

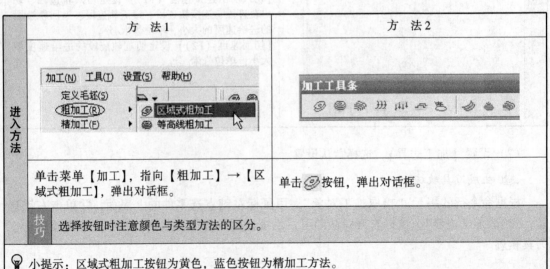

	方　法 1	方　法 2
进入方法	加工(N) 工具(T) 设置(S) 帮助(H) 定义毛坯(S) 粗加工(R)　▶　区域式粗加工 精加工(F)　▶　等高线粗加工 单击菜单【加工】，指向【粗加工】→【区域式粗加工】，弹出对话框。	加工工具条 单击 ⚙ 按钮，弹出对话框。
技巧	选择按钮时注意颜色与类型方法的区分。	

💡 小提示：区域式粗加工按钮为黄色，蓝色按钮为精加工方法。

ℹ️ **参数设置**

设置【加工边界】，如图 11 – 13 所示，根据加工要求进行加工边界的设置。

<table>
<tr>
<td rowspan="4">参数设置</td>
<td rowspan="2">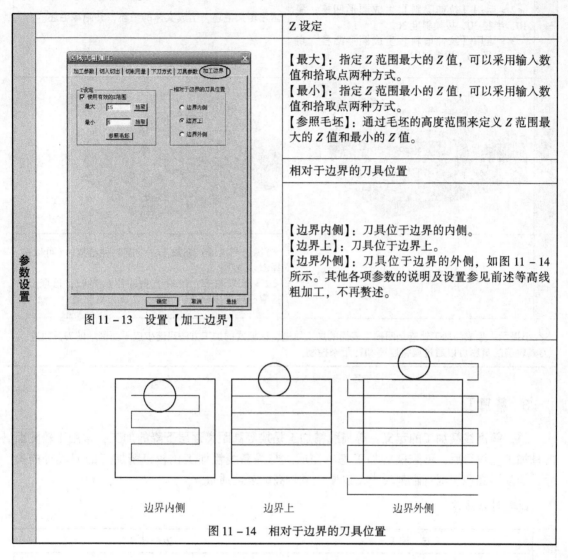
图 11 – 13　设置【加工边界】</td>
<td>Z 设定</td>
</tr>
<tr>
<td>【最大】：指定 Z 范围最大的 Z 值，可以采用输入数值和拾取点两种方式。
【最小】：指定 Z 范围最小的 Z 值，可以采用输入数值和拾取点两种方式。
【参照毛坯】：通过毛坯的高度范围来定义 Z 范围最大的 Z 值和最小的 Z 值。</td>
</tr>
<tr>
<td></td>
<td>相对于边界的刀具位置</td>
</tr>
<tr>
<td></td>
<td>【边界内侧】：刀具位于边界的内侧。
【边界上】：刀具位于边界上。
【边界外侧】：刀具位于边界的外侧，如图 11 – 14 所示。其他各项参数的说明及设置参见前述等高线粗加工，不再赘述。</td>
</tr>
</table>

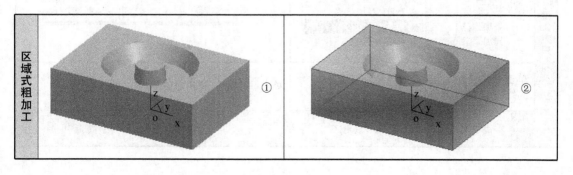

边界内侧　　　　　边界上　　　　　边界外侧

图 11 – 14　相对于边界的刀具位置

ℹ️ **生成刀具轨迹**

🔧 **举例**

<table>
<tr>
<td>区域式粗加工</td>
<td>①</td>
<td>②</td>
</tr>
</table>

区域式粗加工	<1>运用【拉伸增料】生成长 100，宽 70，高 30 的长方体。 <2>运用【拉伸除料】生成圆形凹槽，深 10，半径 30，拔模斜度 30。 <3>运用【拉伸增料】生成圆形凸柱，高 10，半径 10，拔模斜度 5。	运用定义毛坯，生成实体的毛坯，并隐藏毛坯。
	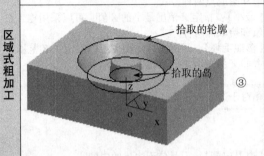③	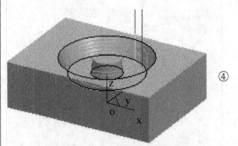④
	运用【实体边界】命令生成如图示的边界线。	<1>选择区域式粗加工，设定各种参数，（可以选择默认选项）。 <2>拾取轮廓：拾取上表面圆边界线；拾取岛：拾取凸柱下表面圆边界线，生成刀具轨迹。

💡 小提示：生成的加工轨迹是凹槽下表面的加工轨迹，区域式的加工方法只能生成平面区域的刀具轨迹。刀具轨迹的疏密可以通过调整层高和行距来控制。

3. 精加工

🌐 **等高线精加工的定义**：等高线精加工是按等高距离逐层下降的加工，常用于较陡面的精加工。执行后，型腔模的加工基本完成。与等高线粗加工比较，精加工的刀具径向尺寸、切削层高和切削行距都较小，以便生成较高的表面质量。

ⓘ 进入方法

	方　法 1	方　法 2
进入方法	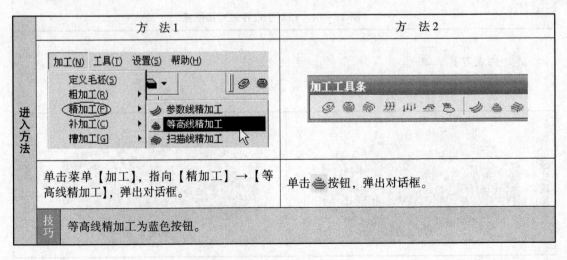	
	单击菜单【加工】，指向【精加工】→【等高线精加工】，弹出对话框。	单击 🍌 按钮，弹出对话框。
技巧	等高线精加工为蓝色按钮。	

ⓘ 参数设置

设置【加工参数2】，如图 11-15 所示，根据加工要求进行设置。

路径生成方式	
【不加工平坦部】：仅仅生成等高线路径。 【交互】：将等高线断面和平坦部分交互进行加工。这种加工方式可以减少对刀具的磨损，以及热膨胀引起的段差现象。 【等高线加工后加工平坦部】：生成等高线路径和平坦部路径连接起来的加工路径。 【仅加工平坦部】：仅仅生成平坦部分的路径。	
参数设置	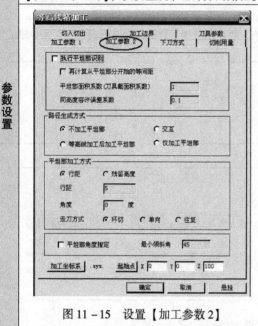 图 11-15　设置【加工参数2】	设置其他各参数 与等高线粗加工相同，不再赘述。

ⓘ 生成刀具轨迹

👆 举例

等高线精加工	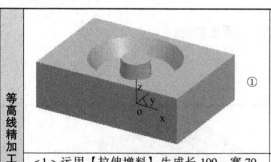①	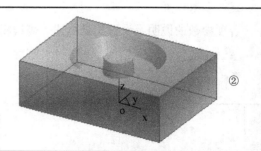②
	<1> 运用【拉伸增料】生成长 100，宽 70，高 30 的长方体。 <2> 运用【拉伸除料】生成圆形凹槽，深 10，半径 30，拔模斜度 30。 <3> 运用【拉伸增料】生成圆形凸柱，高 10，半径 10，拔模斜度 5。	运用定义毛坯，生成实体的毛坯，并隐藏毛坯。

| 等高线精加工 | 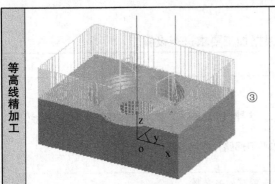③ | <1>选择等高线精加工,设定各种参数。
<2>路径生成方式选择交互式,层高为3,行距为1,刀具直径为3的球头刀,其他参数默认值,生成刀具轨迹。 |

💡 小提示:生成的加工轨迹是实体所有表面的加工轨迹,轨迹的疏密可以通过调整层高和行距来控制。等高线精加工的方法可以生成各种曲面的刀具轨迹。

ℹ️ 参数线精加工

ℹ️ 进入方法

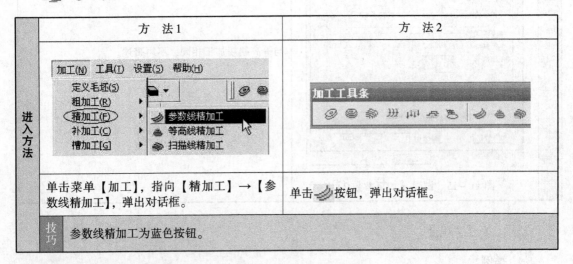

	方　法1	方　法2
进入方法	加工(N)　工具(T)　设置(S)　帮助(H) 　定义毛坯(S) 　粗加工(R)　▶ 　精加工(F)　▶　　参数线精加工 　补加工(C)　▶　　等高线精加工 　槽加工[G]　▶　　扫描线精加工	**加工工具条**
	单击菜单【加工】,指向【精加工】→【参数线精加工】,弹出对话框。	单击 按钮,弹出对话框。
技巧	参数线精加工为蓝色按钮。	

ℹ️ 参数设置

各项参数的说明及设置参见前述等高线粗加工,不再赘述。

ℹ️ 生成刀具轨迹

👆 举例

| 参数线精加工 | 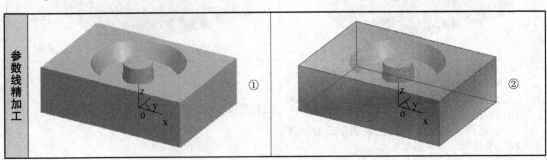① | ② |

参数线精加工	<1>运用【拉伸增料】生成长 100，宽 70，高 30 的长方体。 <2>运用【拉伸除料】生成圆形凹槽，深 10，半径 30，拔模斜度 30。 <3>运用【拉伸增料】生成圆形凸柱，高 10，半径 10，拔模斜度 5。	运用定义毛坯，生成实体的毛坯，并隐藏毛坯。
	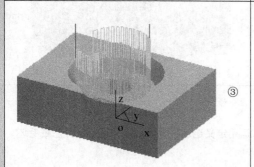 ③	<1>选择参数线精加工，设定各种参数，选定默认值即可。 <2>拾取待加工的表面，在此选择凹槽的底面和侧面，选择进刀点，给定表面的方向向外，生成刀具轨迹。

💡 小提示：生成的加工轨迹是实体所有表面的加工轨迹，轨迹的疏密可以通过调整层高和行距来控制。参数线精加工的方法可以生成各种曲面的刀具轨迹。

✈ **等高线补加工的定义**：等高线补加工可以根据等高线精加工的轨迹和残留区域面积的大小，自动对没有加工到的区域进行处理。当遇到较复杂的零件时，补加工的计算量较大，需要较长的时间。

ⓘ **进入方法**

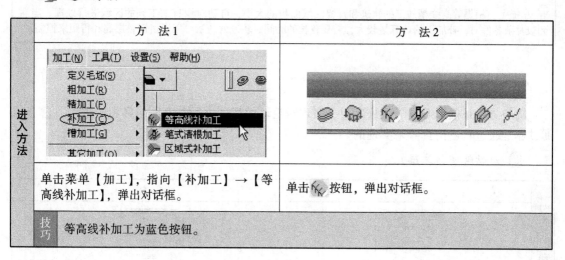

	方　法 1	方　法 2
进入方法	单击菜单【加工】，指向【补加工】→【等高线补加工】，弹出对话框。	单击 🔧 按钮，弹出对话框。
技巧	等高线补加工为蓝色按钮。	

ⓘ **参数设置**

各项参数的说明及设置参见前述等高线粗加工，不再赘述。

生成刀具轨迹

举例

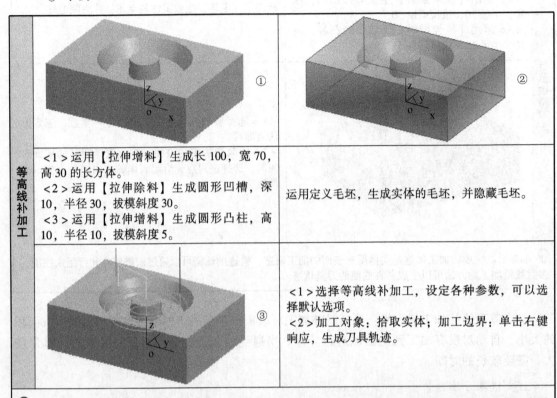

等高线补加工	<1> 运用【拉伸增料】生成长 100，宽 70，高 30 的长方体。 <2> 运用【拉伸除料】生成圆形凹槽，深 10，半径 30，拔模斜度 30。 <3> 运用【拉伸增料】生成圆形凸柱，高 10，半径 10，拔模斜度 5。	运用定义毛坯，生成实体的毛坯，并隐藏毛坯。
	③	<1> 选择等高线补加工，设定各种参数，可以选择默认选项。 <2> 加工对象：拾取实体；加工边界：单击右键响应，生成刀具轨迹。

💡 小提示：根据等高线精加工的轨迹和残留区域面积的大小，自动对没有加工到的区域进行处理。当遇到较复杂零件时，补加工的计算量较大，需要较长的时间。轨迹的疏密可以通过调整层高和行距来控制。

4. 轨迹仿真

轨迹仿真是模拟刀具沿轨迹走刀，实现对毛坯的切削进行动态图像显示的过程。这个仿真过程是通过轨迹仿真器来实现的。

启动轨迹仿真器

	方 法 1	方 法 2
进入方法	加工(N) 工具(T) 设置 定义毛坯(S) 粗加工(R) 精加工(F) 补加工(C) 槽加工(G) 其它加工(O) 知识加工(T) 轨迹仿真(V) 轨迹编辑(H)	等高线粗加工 加工(N) 轨迹重置(C) 隐藏(H) 显示(H) 全部显示 删除 拷贝 粘贴 平移 图层... 颜色... 轨迹仿真(S)
	单击菜单【加工】，指向【轨迹仿真】，调入轨迹仿真器。	在加工管理窗口区中拾取刀具轨迹，单击鼠标右键弹出快捷菜单，选择【轨迹仿真】，调入轨迹仿真器。

轨迹仿真

 举例

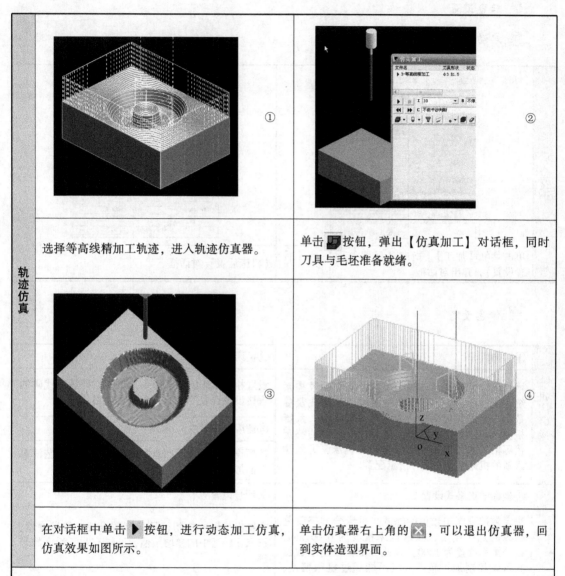

| 轨迹仿真 | ① 选择等高线精加工轨迹，进入轨迹仿真器。 | ② 单击 按钮，弹出【仿真加工】对话框，同时刀具与毛坯准备就绪。 |
| | ③ 在对话框中单击 ▶ 按钮，进行动态加工仿真，仿真效果如图所示。 | ④ 单击仿真器右上角的 ⊠，可以退出仿真器，回到实体造型界面。 |

小提示：切削后的毛坯形状和产品形状相同，所以工件为绿色显示。

5. 后置处理

ⓘ 后置设置

ⓘ 启动方法

进入方法	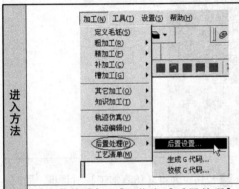	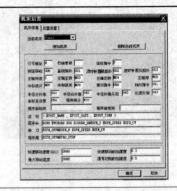
	单击菜单【加工】，指向【后置处理】→【后置设置】，弹出对话框。	【机床后置】对话框。

ⓘ 信息设定

	①增加机床	②机床参数配置
机床信息	增加机床就是针对不同的机床，不同的数控系统，设置特定的数控代码、数控程序格式及参数，并生成配置文件。生成数控程序时，系统根据该配置文件的定义生成用户所需要的特定代码格式的加工指令。单击增加机床，可以输入新的机床名称，进行信息配置。	设置相应机床的各种指令地址、数控程序代码的规格设置以及生成的 G 代码程序格式。
		③速度设置
		该项设置的速度及加速度值主要为输出工艺清单上的加工时间所用。
后置设置	①坐标输出格式设置	②行号设置
	决定数控程序中数值的格式，机床分辨率就是机床的加工精度，如果机床精度为 0.001mm，则分辨率设置为 1000，以此类推；输出小数位数可以控制加工精度。但不能超过机床精度，否则是没有实际意义的。优化坐标值指输出的 G 代码中，若坐标值的某分量与上一次相同，则此分量在 G 代码中不出现。	在输出代码中控制行号的参数设置。行号增量，选取比较适中的递增数值，这样有利于程序的管理。
		③圆弧控制设置
		主要设置控制圆弧的编程方式，即是采用圆心编程方式还是采用半径编程方式。
	⑤设置扩展名控制和后置程序号	④输出文件最大长度
	后置文件扩展名是控制所生成的数控程序文件名的扩展名，视不同的机床而定。后置程序号是记录后置设置的程序号。	输出文件长度可以对数控程序的大小进行控制，文件大小控制以 K 为单位。当输出的代码文件长度大于规定长度时系统自动分割文件。例如：当输出的 G 代码文件 post. cut 超过规定的长度时，就会自动分割为 post0001. cut，post0002. cut，post0003. cut，post0004. cut 等。

ℹ️ 生成 G 代码

生成 G 代码就是按照当前机床类型的配置要求，把已经生成的刀具轨迹转化生成 G 代码数据文件，即 CNC 数控程序，后置生成的数控程序是三维造型的最终结果，有了数控程序就可以直接输入机床进行数控加工。

ℹ️ 进入方法

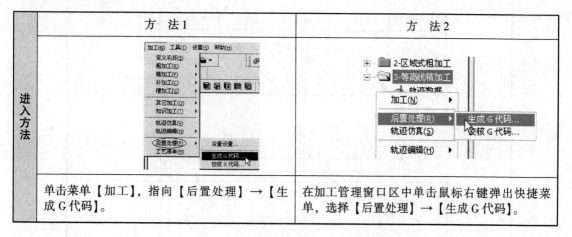

	方 法 1	方 法 2
进入方法		
	单击菜单【加工】，指向【后置处理】→【生成 G 代码】。	在加工管理窗口区中单击鼠标右键弹出快捷菜单，选择【后置处理】→【生成 G 代码】。

🖐️ 举例

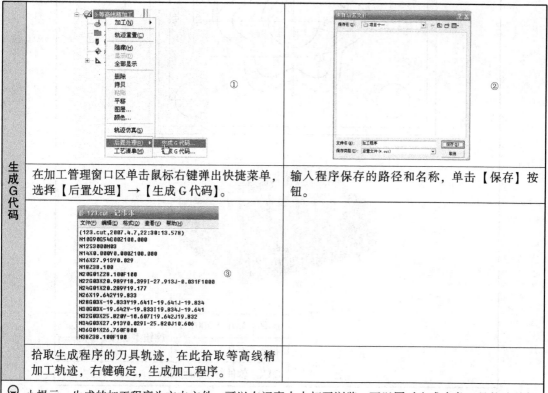

生成 G 代码	①	②
	在加工管理窗口区单击鼠标右键弹出快捷菜单，选择【后置处理】→【生成 G 代码】。	输入程序保存的路径和名称，单击【保存】按钮。
	③	
	拾取生成程序的刀具轨迹，在此拾取等高线精加工轨迹，右键确定，生成加工程序。	

💡 小提示：生成的加工程序为文本文件，可以在记事本中打开浏览。可以同时生成多条刀具轨迹的加工程序。

任务3   生成加工程序训练

要求： 按照下列图纸（图11-6），在软件中进行旋钮型腔模的加工程序生成。

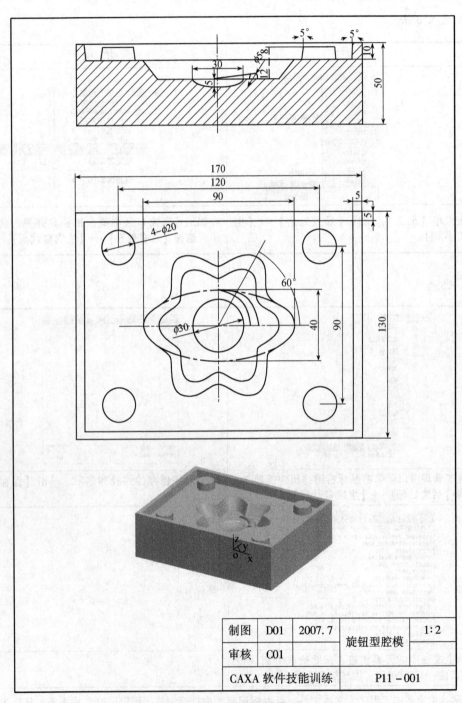

制图	D01	2007. 7	旋钮型腔模	1：2
审核	C01			
CAXA 软件技能训练				P11-001

图 11-16   旋钮型腔模图

加工方法示例

1. 图纸分析：旋钮型腔模的加工表面分析。

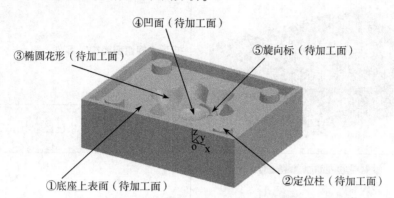

④凹面（待加工面）

③椭圆花形（待加工面）　⑤旋向标（待加工面）

①底座上表面（待加工面）

②定位柱（待加工面）

图 11 - 17　旋钮型腔模加工面图

2. 旋钮型腔模生成加工程序步骤与顺序。主要分为四个步骤，具体操作顺序是：
①定义毛坯→②生成加工轨迹→③轨迹仿真→④后置处理。

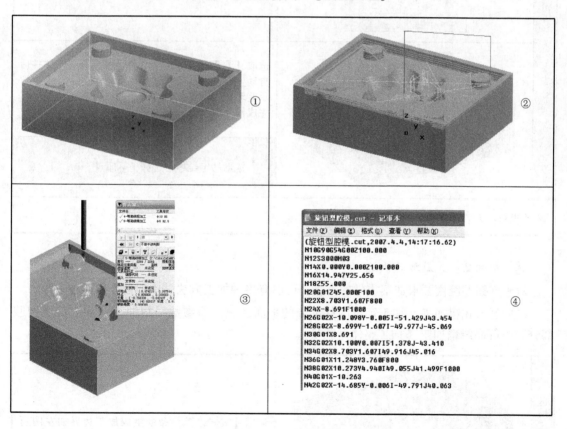

ⓘ 步骤①：定义毛坯

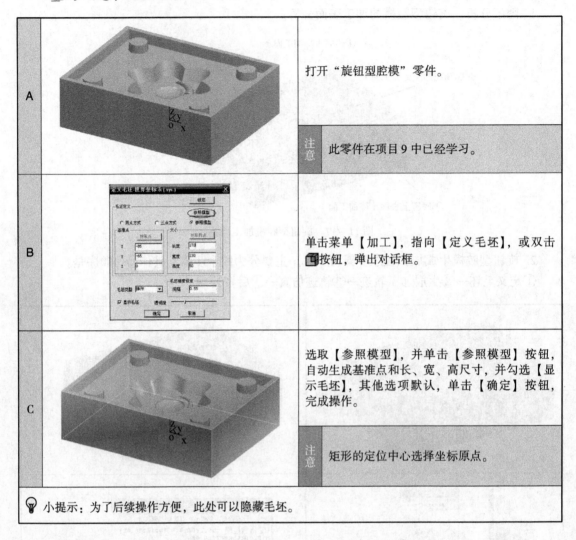

A		打开"旋钮型腔模"零件。
		注意：此零件在项目 9 中已经学习。
B		单击菜单【加工】，指向【定义毛坯】，或双击 按钮，弹出对话框。
C		选取【参照模型】，并单击【参照模型】按钮，自动生成基准点和长、宽、高尺寸，并勾选【显示毛坯】，其他选项默认，单击【确定】按钮，完成操作。
		注意：矩形的定位中心选择坐标原点。

💡 小提示：为了后续操作方便，此处可以隐藏毛坯。

ⓘ 步骤②：生成加工轨迹

对于旋钮型腔模要求加工零件的内腔，可以有多种加工方法，本项目介绍两种方法。

🔧 区域式粗加工（加工定位圆柱部分的平面区域）→参数线精加工（加工旋钮型腔部分）→等高线精加工（加工整体型腔模）。

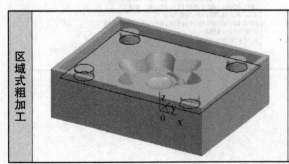

区域式粗加工		运用【实体边界】命令生成加工边界如左图所示。

区域式粗加工	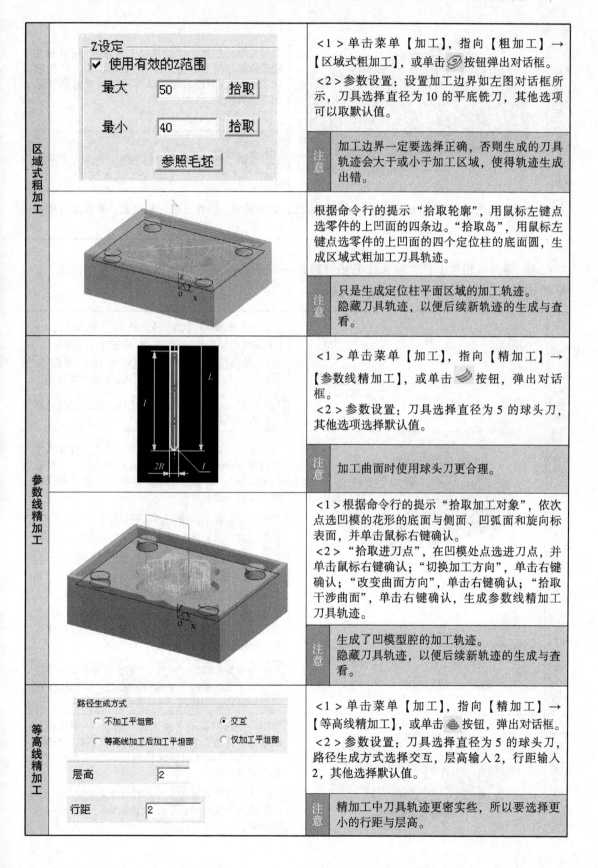	＜1＞单击菜单【加工】，指向【粗加工】→【区域式粗加工】，或单击 ⚙ 按钮弹出对话框。 ＜2＞参数设置：设置加工边界如左图对话框所示，刀具选择直径为 10 的平底铣刀，其他选项可以取默认值。
		注意　加工边界一定要选择正确，否则生成的刀具轨迹会大于或小于加工区域，使得轨迹生成出错。
		根据命令行的提示"拾取轮廓"，用鼠标左键点选零件的上凹面的四条边。"拾取岛"，用鼠标左键点选零件的上凹面的四个定位柱的底面圆，生成区域式粗加工刀具轨迹。
		注意　只是生成定位柱平面区域的加工轨迹。隐藏刀具轨迹，以便后续新轨迹的生成与查看。
参数线精加工		＜1＞单击菜单【加工】，指向【精加工】→【参数线精加工】，或单击 🍌 按钮，弹出对话框。 ＜2＞参数设置：刀具选择直径为 5 的球头刀，其他选项选择默认值。
		注意　加工曲面时使用球头刀更合理。
		＜1＞根据命令行的提示"拾取加工对象"，依次点选凹模的花形的底面与侧面、凹弧面和旋向标表面，并单击鼠标右键确认。 ＜2＞"拾取进刀点"，在凹模处点选进刀点，并单击鼠标右键确认；"切换加工方向"，单击右键确认；"改变曲面方向"，单击右键确认；"拾取干涉曲面"，单击右键确认，生成参数线精加工刀具轨迹。
		注意　生成了凹模型腔的加工轨迹。隐藏刀具轨迹，以便后续新轨迹的生成与查看。
等高线精加工		＜1＞单击菜单【加工】，指向【精加工】→【等高线精加工】，或单击 🏔 按钮，弹出对话框。 ＜2＞参数设置：刀具选择直径为 5 的球头刀，路径生成方式选择交互，层高输入 2，行距输入 2，其他选择默认值。
		注意　精加工中刀具轨迹更密实些，所以要选择更小的行距与层高。

等高线精加工	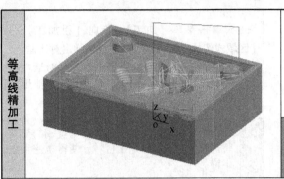	根据命令行的提示"拾取加工对象",用鼠标左键选择零件的上表面,并单击右键确认;"拾取加工边界",鼠标右键确认即可,生成等高线精加工刀具轨迹。
		注意 生成了整体旋钮型腔模的加工轨迹。

💡 小提示:参数线加工方法适用于各种曲面的加工,简单易学,操作方便,是生成刀具轨迹的较好方法。

🔧 等高线粗加工(大量去除毛坯材料)→等高线精加工(整体型腔模基本完成)→等高线补加工(对精加工的残余量补充加工)。

等高线粗加工	层高　5 ⦿ 行距　　　　　○ 残留高度 行距　　　　　5	<1>单击菜单【加工】,指向【粗加工】→【等高线粗加工】,或单击 🔩 按钮弹出对话框。 <2>参数设置:刀具选择直径为 10 的球头刀,行距输入 5,层高输入 5,其他选项选择默认值。
		注意 粗加工以去除大量毛坯材料为主,因此选择较大的行距与层高。
	加工对象三维图	根据命令行的提示"拾取加工对象",用鼠标左键选择零件的上表面,并单击右键确认;"拾取加工边界",鼠标右键确认即可,生成等高线粗加工刀具轨迹。
		注意 生成整体型腔膜的粗加工轨迹。 隐藏刀具轨迹,以便后续新轨迹的生成与查看。
等高线精加工	层高　2 行距　2 路径生成方式 ○ 不加工平坦部　　⦿ 交互 ○ 等高线加工后加工平坦部　○ 仅加工平坦部	<1>单击菜单【加工】,指向【精加工】→【等高线精加工】,或单击 🔩 按钮,弹出对话框。 <2>参数设置:刀具选择直径为 5 的球头刀,路径生成方式选择交互,层高输入 2,行距输入 2,其他选项选择默认值。
		注意 与等高线粗加工比较,精加工的刀具径向尺寸、切削层高和切削行距都较小,以便生成较高的表面质量。
	加工对象三维图	根据命令行的提示"拾取加工对象",用鼠标左键选择零件的上表面,并单击右键确认;"拾取加工边界",鼠标右键确认即可,生成等高线精加工刀具轨迹。
		注意 生成了整体旋钮型腔的精加工轨迹。 隐藏刀具轨迹,以便后续新轨迹的生成与查看。

等高线补加工	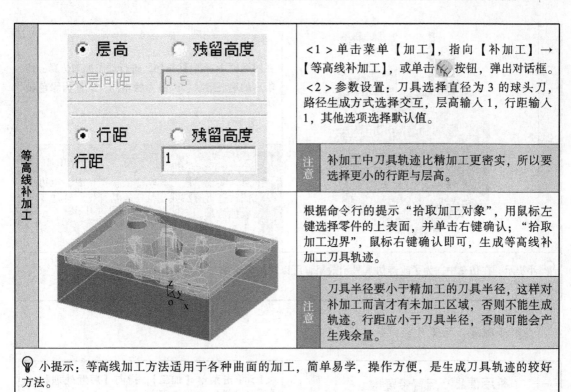	<1>单击菜单【加工】，指向【补加工】→【等高线补加工】，或单击 按钮，弹出对话框。 <2>参数设置：刀具选择直径为 3 的球头刀，路径生成方式选择交互，层高输入 1，行距输入 1，其他选项选择默认值。
		注意 补加工中刀具轨迹比精加工更密实，所以要选择更小的行距与层高。
		根据命令行的提示"拾取加工对象"，用鼠标左键选择零件的上表面，并单击右键确认；"拾取加工边界"，鼠标右键确认即可，生成等高线补加工刀具轨迹。
		注意 刀具半径要小于精加工的刀具半径，这样对补加工而言才有未加工区域，否则不能生成轨迹。行距应小于刀具半径，否则可能会产生残余量。

💡 小提示：等高线加工方法适用于各种曲面的加工，简单易学，操作方便，是生成刀具轨迹的较好方法。

ℹ️ 步骤③：轨迹仿真

轨迹仿真是模拟刀具沿轨迹走刀，实现对毛坯的切削进行动态图像的显示过程。这个仿真过程是通过轨迹仿真器来实现的。

本项目中针对等高线粗加工→等高线精加工→等高线补加工进行轨迹仿真。

A	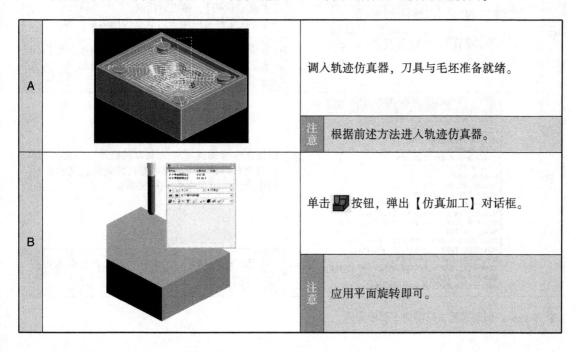	调入轨迹仿真器，刀具与毛坯准备就绪。
		注意 根据前述方法进入轨迹仿真器。
B		单击 按钮，弹出【仿真加工】对话框。
		注意 应用平面旋转即可。

C	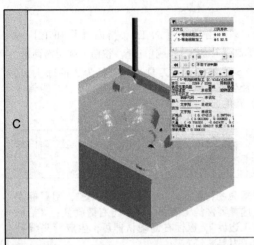	在对话框中单击 ▶ 按钮，进行动态加工仿真，切削后的毛坯形状和产品形状相同，工件为绿色显示。
		注意　可以实现单段刀具轨迹的模拟仿真，也可以同时进行等高线粗加工、精加工、补加工的模拟仿真。

💡 小提示：在仿真中，为了改善仿真显示效果，可以对刀具、夹具、毛坯等进行不同的设置。大家可以试试看。

🚫 步骤④：后置处理

A	机床信息　后置设置 当前机床　fanuc　▼ 增加机床	<1>单击菜单【加工】，指向【后置处理】→【后置设置】，弹出对话框。 <2>进行机床信息设置。 <3>进行后置设置。
		注意　可以选择系统默认的设置。
B	文件名(N)：　旋钮型腔模 保存类型(T)：　后置文件(*.cut)	<1>单击菜单【加工】，指向【后置处理】→【生成 G 代码】，弹出对话框。 <2>在文件名中输入后置文件的名称，并保存。
		注意　后置文件就是即将生成的加工程序，要为其选择合适的保存路径，输入适当的名字，方便以后使用。
C	旋钮型腔模.cut - 记事本 文件(F) 编辑(E) 格式(O) 查看(V) 帮助(H) (旋钮型腔模.cut,2007.4.4,14:17:16.62) N10G90G54G00Z100.000 N12S3000M03 N14X0.000Y0.000Z100.000 N16X14.947Y25.656 N18Z55.000 N20G01Z45.000F100 N22X8.703Y1.607F800 N24X-8.691F1000 N26G02X-10.098Y-0.005I-51.429J43.454 N28G02X-8.699Y-1.607I-49.977J-45.069 N30G01X8.691 N32G02X10.100Y0.007I51.378J-43.410 N34G02X8.703Y1.607I49.916J45.016 N36G01X11.248Y3.760F800 N38G02X10.273Y4.940I49.055J41.499F1000 N40G01X-10.263 N42G02X-14.685Y-0.006I-49.791J40.063	根据命令行的提示"拾取刀具轨迹"，在绘图区拾取所有刀具轨迹，并单击右键确认，完成 G 代码生成，系统弹出 G 代码文本框。
		注意　生成的程序是文本文件，可以在记事本中打开查看。

💡 小提示：到此旋钮型腔模加工程序完成。

任务 4　项目练习与总结

要求：按照下列图纸（图 11 - 18），在软件中进行生成加工程序的练习，并总结相关知识点。

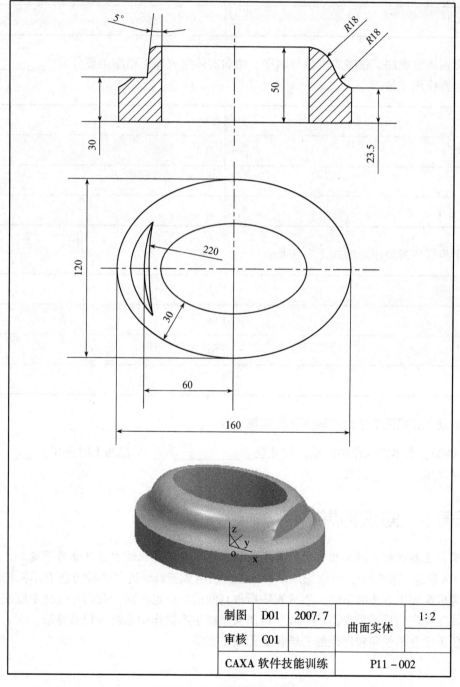

图 11 - 18　曲面实体零件图

图纸分析：经过阅读图纸，我们可以分析出曲面实体由以下几部分构成。

①	②
③	④
⑤	⑥
⑦	

曲面实体生成加工程序的步骤与顺序。曲面实体生成加工程序主要分为_____个步骤，具体操作顺序是：

① →	② →
③ →	④ →
⑤ →	⑥ →
⑦	

各个步骤中需要用到的加工方法是：

① →	② →
③ →	④ →
⑤ →	⑥ →
⑦	

在电脑上完成图纸中给定的曲面实体加工程序。

请问：在本次操作中，毛坯尺寸是_____，粗加工时选用_____刀具，精加工时选用_____刀具。

任务5　知识拓展

要求：主要说明实际工程中的模具类零件，在生成刀具轨迹中应注意的问题。

CAXA 制造工程师中，可以选用多种加工方法生成刀具轨迹，各种方法有不同的适用条件，而且根据加工方法的不同，生成程序所占空间的大小也不同，我们在选择中应使用正确的生成加工程序，且尽量少占用空间。希望大家在学习操作中不断的积累总结。

本任务中介绍使用较广泛的三维偏置的加工方法。

示例：旋钮型腔模的加工

<table>
<tr>
<td rowspan="3">三维偏置</td>
<td>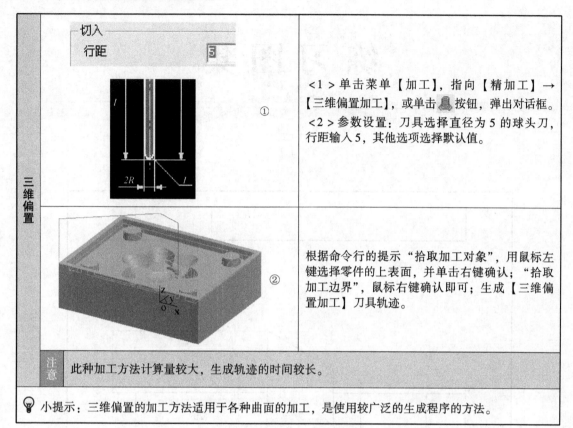
①</td>
<td><1> 单击菜单【加工】，指向【精加工】→
【三维偏置加工】，或单击 ⬛ 按钮，弹出对话框。
<2> 参数设置：刀具选择直径为 5 的球头刀，行距输入 5，其他选项选择默认值。</td>
</tr>
<tr>
<td>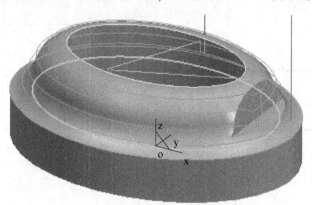
②</td>
<td>根据命令行的提示"拾取加工对象"，用鼠标左键选择零件的上表面，并单击右键确认；"拾取加工边界"，鼠标右键确认即可；生成【三维偏置加工】刀具轨迹。</td>
</tr>
<tr>
<td>注意</td>
<td colspan="2">此种加工方法计算量较大，生成轨迹的时间较长。</td>
</tr>
</table>

💡 小提示：三维偏置的加工方法适用于各种曲面的加工，是使用较广泛的生成程序的方法。

完成任务 4 的曲面实体的三维偏置的加工，得到如图 11 – 19 所示的加工轨迹。

图 11 – 19　生成刀具轨迹的零件实体

练 习 图 集

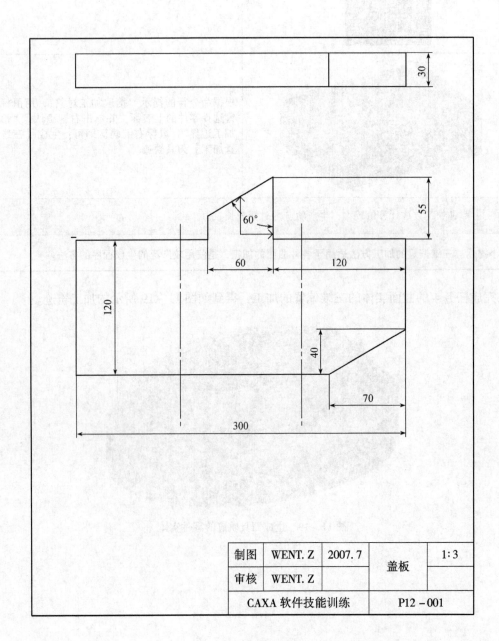

制图	WENT. Z	2007. 7	盖板	1:3
审核	WENT. Z			
CAXA 软件技能训练			P12－001	

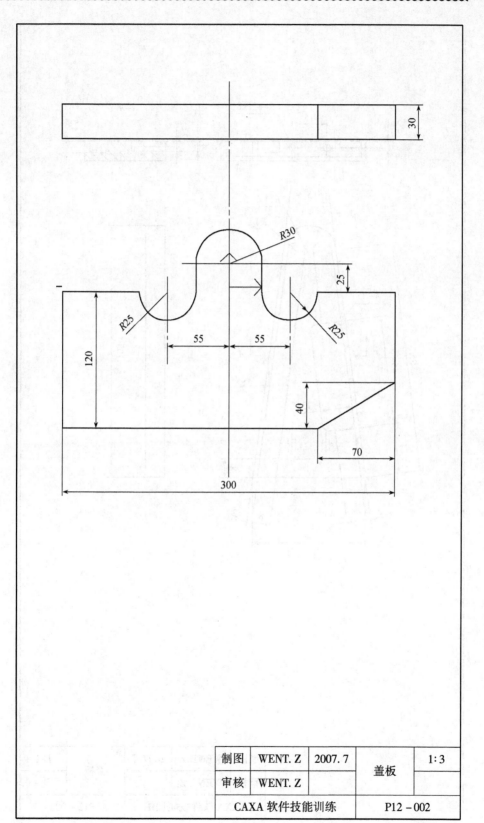

制图	WENT. Z	2007. 7	盖板	1 : 3
审核	WENT. Z			
CAXA 软件技能训练			P12 – 002	

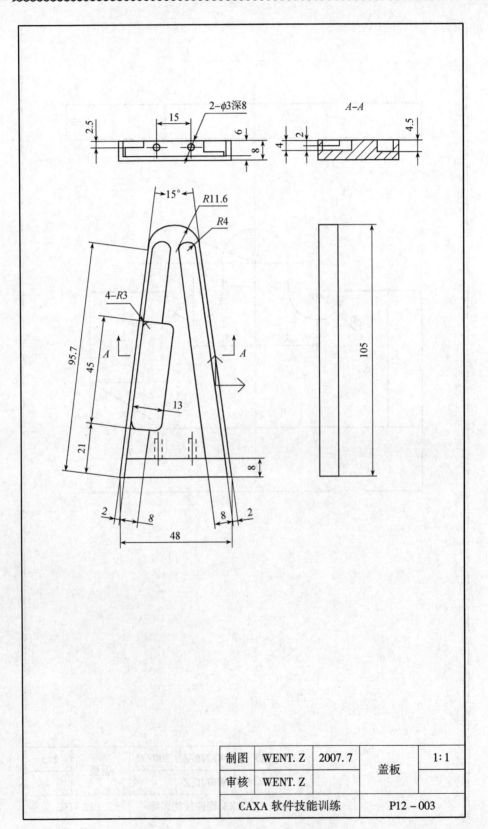

制图	WENT. Z	2007. 7	盖板	1:1
审核	WENT. Z			
CAXA 软件技能训练			P12－003	

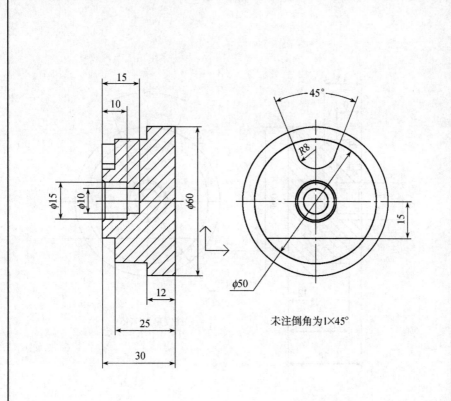

未注倒角为1×45°

制图	WENT. Z	2007. 7	盖板	1:1
审核	WENT. Z			
CAXA 软件技能训练			P12－004	

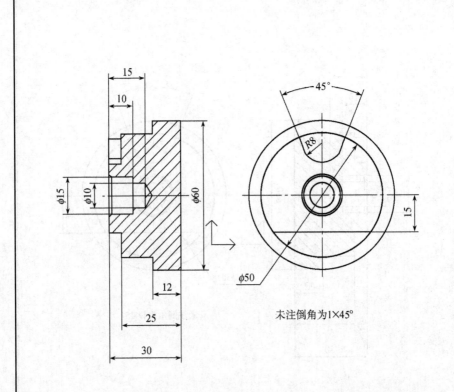

木注倒角为1×45°

制图	WENT. Z	2007. 7	尖孔端盖	1∶1
审核	WENT. Z			
CAXA 软件技能训练			P12－005	

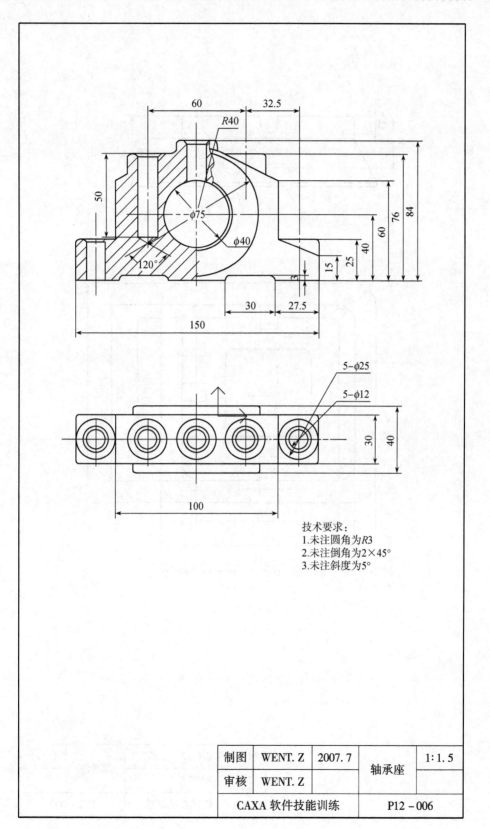

技术要求:
1.未注圆角为R3
2.未注倒角为2×45°
3.未注斜度为5°

制图	WENT. Z	2007. 7	轴承座	1:1.5
审核	WENT. Z			
CAXA 软件技能训练			P12－006	

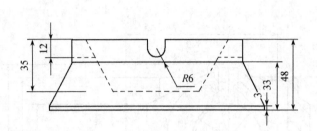

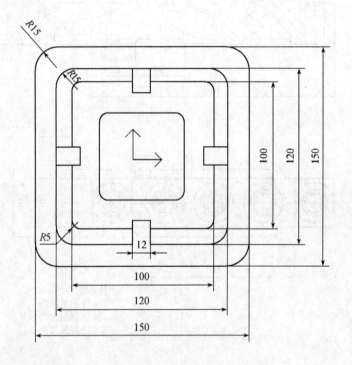

制图	WENT. Z	2007. 7	烟灰缸	1:1.5
审核	WENT. Z			
CAXA 软件技能训练			P12－007	

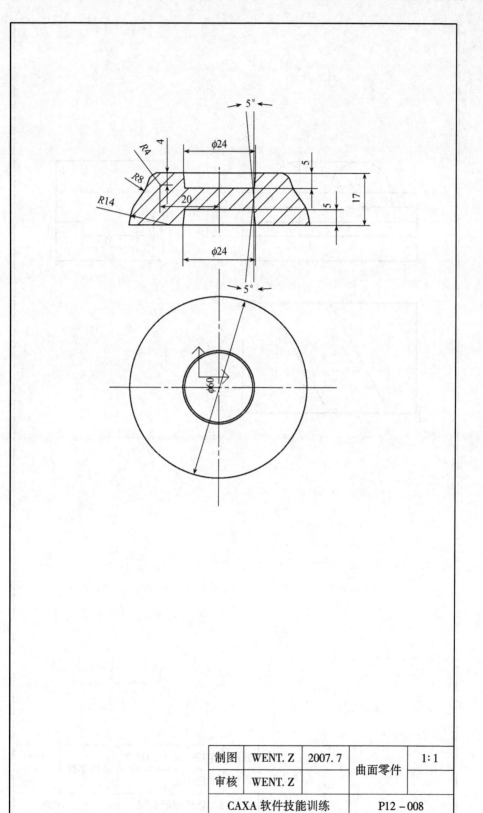

制图	WENT. Z	2007. 7	曲面零件	1 : 1
审核	WENT. Z			
CAXA 软件技能训练			P12 – 008	

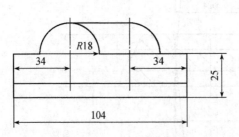

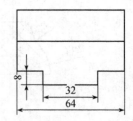

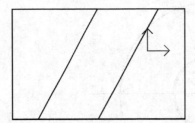

制图	WENT. Z	2007. 7	曲面零件	1：2
审核	WENT. Z			
CAXA 软件技能训练			P12－009	

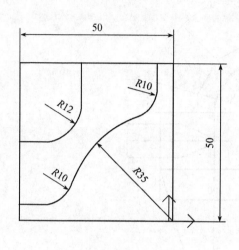

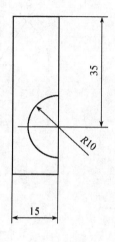

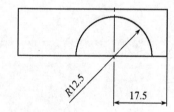

制图	WENT. Z	2007. 7	曲面零件	1：1
审核	WENT. Z			
CAXA 软件技能训练			P12－010	

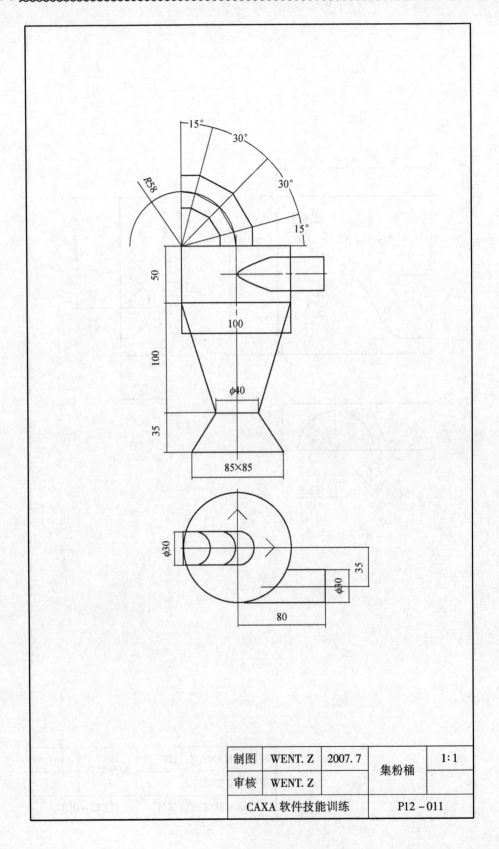

制图	WENT. Z	2007. 7	集粉桶	1∶1
审核	WENT. Z			
CAXA 软件技能训练				P12 – 011

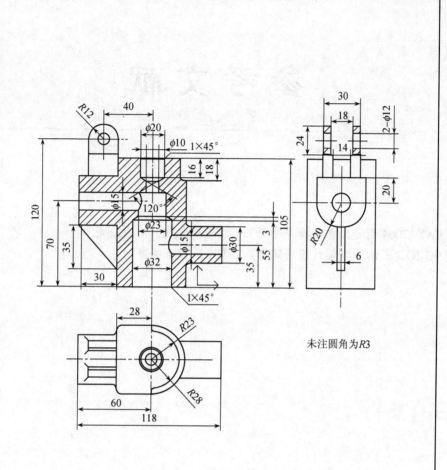

未注圆角为R3

制图	WENT. Z	2007. 7	阀体	1:2
审核	WENT. Z			
CAXA 软件技能训练			P12－012	

参考文献

[1] 《CAXA2004 制造工程师操作手册》. 北航海尔软件有限公司

[2] 《UG NX4 三维造型设计应用范例》. 零点工作室编著

读者意见反馈表

书名：CAXA 制造工程师软件操作训练　　　　主编：张文涛　　　　策划编辑：白楠

> 谢谢您关注本书！烦请填写该表。您的意见对我们出版优秀教材、服务教学，十分重要。如果您认为本书有助于您的教学工作，请您认真地填写表格并寄回。我们将定期给您发送我社相关教材的出版资讯或目录，或者寄送相关样书。

个人资料

姓名_____年龄_____联系电话_____（办）_____（宅）_____（手机）

学校_____专业_____职称/职务_____

通信地址_____邮编_____E-mail_____

您校开设课程的情况为：

本校是否开设相关专业的课程　□是，课程名称为_____　□否

您所讲授的课程是_____课时_____

所用教材_____出版单位_____印刷册数_____

本书可否作为您校的教材？

□是，会用于_____课程教学　　□否

影响您选定教材的因素（可复选）：

□内容　　　　□作者　　　　□封面设计　　□教材页码　　　□价格　　　　□出版社

□是否获奖　　□上级要求　　□广告　　　　□其他_____

您对本书质量满意的方面有（可复选）：

□内容　　　　□封面设计　　□价格　　　□版式设计　　　□其他_____

您希望本书在哪些方面加以改进？

□内容　　　　□篇幅结构　　□封面设计　　□增加配套教材　　□价格

可详细填写：_____

_____

_____

您还希望得到哪些专业方向教材的出版信息？

_____

　　谢谢您的配合，请将该反馈表寄至以下地址。如果需要了解更详细的信息或有著作计划，请与我们直接联系。

通信地址：北京市万寿路 173 信箱　中等职业教育分社　　　邮编：100036

http://www.hxedu.com.cn　　　E-mail:ve@phei.com.cn　　　电话：010-88254475；88254591

反侵权盗版声明

　　电子工业出版社依法对本作品享有专有出版权。任何未经权利人书面许可，复制、销售或通过信息网络传播本作品的行为；歪曲、篡改、剽窃本作品的行为，均违反《中华人民共和国著作权法》，其行为人应承担相应的民事责任和行政责任，构成犯罪的，将被依法追究刑事责任。

　　为了维护市场秩序，保护权利人的合法权益，我社将依法查处和打击侵权盗版的单位和个人。欢迎社会各界人士积极举报侵权盗版行为，本社将奖励举报有功人员，并保证举报人的信息不被泄露。

举报电话：（010）88254396；（010）88258888

传　　真：（010）88254397

E-mail：　dbqq@phei.com.cn

通信地址：北京市万寿路 173 信箱
　　　　　电子工业出版社总编办公室

邮　　编：100036